大展好書 好書大展

穿出
自己的品味

西村玲子／著
李芳黛／譯

大展出版社有限公司
DAH-JAAN PUBLISHING CO., LTD.

前　言

喜歡穿漂亮的衣服、喜歡打扮。但可悲的是身材不夠好，說得坦白一點，就是太胖了。不過，我可不將自己就這麼侷限住了。

就外表而言，朋友都認為我是怎麼吃也吃不胖的人，始終保持好身材，大家都說我最有本錢滿足食慾。其實我並不瘦，只勉強稱得上普通而已。是穿著使我看起來比實際瘦了五公斤。

但不知為什麼，此方法最近已經無法通用……。我每吃下東西就必須加以記錄。這到底是怎麼一回事？我真是手足無措，不知如何是好。就這樣，一邊焦慮地苦思對策，一邊享受美食。

「真討厭，該怎麼辦呢？難道我不能再愉快地裝扮自己了嗎？」

「也許吧！可是連衣服都不合的話……」

一定有適合的裝扮法。也許我能成為解決此煩惱的高手呢！想是這麼想，但現在最大的希望就是趕快恢復原來模樣。

就在敘述近況的同時，我有了裝扮的絕妙發現。想再三強調的是裝扮的深度，不但有深度，而且範圍寬廣。從在適合自己的位置上享受裝扮的樂趣，到變化位置時感受到裝扮的寬廣範圍。以我的情況而言，因為肥胖的關係，所以範圍並不是那麼寬廣，但也不因此而喪失選擇服裝的樂趣。

想想看，好像也有因為過於了解自己的位置變化，因而滿足、沈迷於不協調流行中的人。從年齡、體型、立場的調整，妳一定能對自己有嶄新的發現，從每天的變化中得到快樂。正因為接受這種變化，妳必定能有絕妙的發現，使自己裝扮得更亮眼。

目錄

第一章　喜歡這種衣服

第二章　更出色的裝扮研究

第三章　穿著的訣竅，演出最完美的自己

第四章　裝扮項目，增強判斷力的方法

第五章　裝扮是自我表現

第一章

喜歡這種衣服

■順暢、線條優美

款式簡單，看起來順暢、線條優美的服裝令人注意。不知道這類服裝是否已成為主流，但不可否認，最近很常見。

俐落細緻的女性身體曲線型服裝，的確是擁有苗條身材、美麗體型女性的最愛。我想大多數對身材缺乏自信的人，都希望自己看起來苗條些，這些朋友一定在等待這類型服裝的出現。這類型服裝的重點在於布是否柔軟，以及剪裁是否渾圓。

只要看起來苗條，其他別無所求，所以飾品也止於最小限度。好久不見真實感受到自己身體在衣服中搖擺、迎風搖曳的服裝了。身體曲線優美的女性，簡單更能強調其美的一面。

穿著新春衣裳，會感受到清爽的氣氛（自己的心情也活潑起來），這種感覺非常美妙。稍微合身的衣服不錯，寬寬大大不分尺寸的衣服也很好，但如果身體不斷符合衣服的尺寸，可就傷腦筋了。基本上，衣服還是以順暢、感覺得到風為主。

此外，裝飾品在最低限度，這種情況之下，如果髮型、化妝太誇張，就會顯得不協調。在自然風格的髮型、化妝中，讓自己呈現出自信的風采，必定能吸引周圍視線。像這樣，話題從流行到生活方式，就如同雞與蛋的關係一般，因為對流行有自信，自然也對生活方式有自信。或者也可以這麼說，當妳對生活方式有自信之後，必定能夠掌握流行。

從什麼方面進入都可以，只希望妳在這種信條的基礎下確實生活。不流於華美，只要一天一天充實生活，便能在反省中調整自己的生活方式。然後妳將發現，春天一晃眼就到了。

面對那些偉大的信條，我什麼也做不到。如果妳也和我一樣，不妨從流行著手吧！穿上那種看起來苗條的衣服，過苗條的生活，一想到春天將近，一顆歡喜的心也躍動起來了。

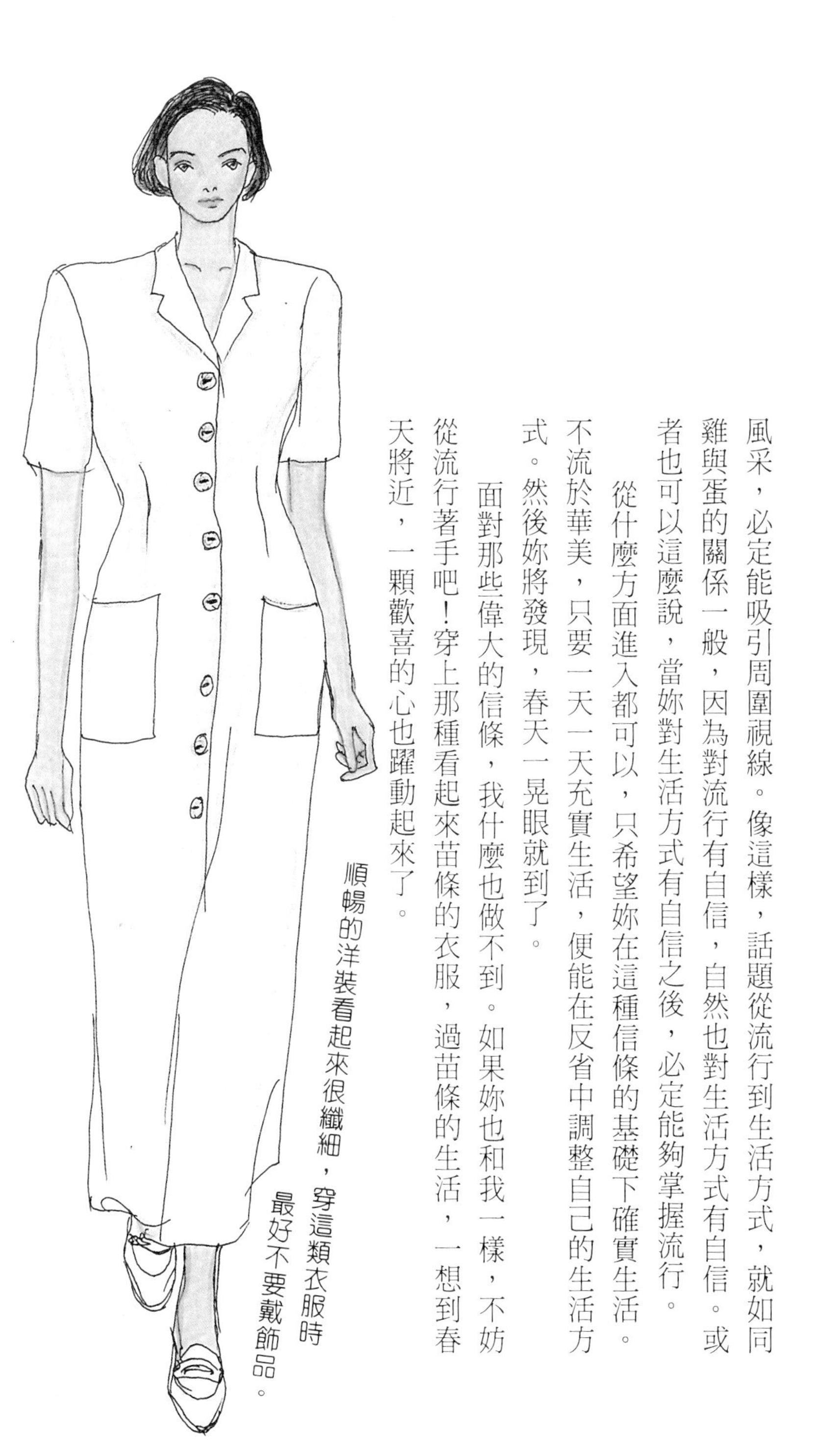

順暢的洋裝看起來很纖細，穿這類衣服時最好不要戴飾品。

襯衫及外套一組，穿起來很順暢。飾品是胸前時髦的別針。

迎風飄曳的服裝，飾品儘量維持在最低限度才美。

自然的髮型與臉龐，呈現出對自己的自信。

寬鬆的外套下，搭配優雅稍微透明的喬其紗洋裝。

寬鬆的夏季運動衫也是柔軟素材。

■穿上漂亮的套裝

希望各位注意到套裝，搭配褲子、裙子的套裝。而且不是單調的型式，而是柔和、有女人味的套裝。

「明天有正式會議。」

「一定得穿著規規矩矩的服裝出門。」

「嗯！還是套裝合適。」

「就穿套裝吧！穿上套裝一定不會錯。」

「套裝最好穿，裡面搭配一件白色短衫即可。」

「對，白色襯衫或短衫。」

這也許是普通的對話。套裝方便、套裝正式，裡面配上襯衫或罩衫即可，這種說法真是………（搖搖頭）。

正因為套裝給人這類印象，所以非得從這些範圍跳出不可，一定要排除此種根深蒂固的思考方式。當然，套裝種類也是形形色色。姑且不論緊身迷你裙套裝及身材曲線原封不動呈現的性感套裝，我們現在談論的是一般性套裝。

一九五〇年代的服裝，好像特別有套裝意識。看當時電影中的女性

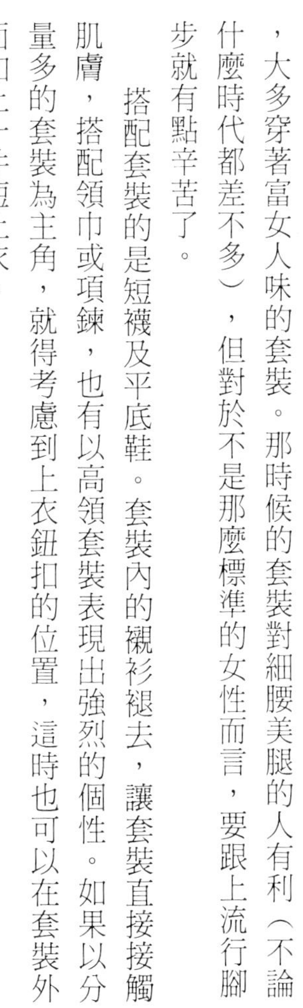

，大多穿著富女人味的套裝。那時候的套裝對細腰美腿的人有利（不論什麼時代都差不多），但對於不是那麼標準的女性而言，要跟上流行腳步就有點辛苦了。

搭配套裝的是短襪及平底鞋。套裝內的襯衫褪去，讓套裝直接接觸肌膚，搭配領巾或項鍊，也有以高領套裝表現出強烈的個性。如果以分量多的套裝為主角，就得考慮到上衣鈕扣的位置，這時也可以在套裝外面加上一件短上衣。

如上所述，套裝的變化各式各樣。但由於是套裝的緣故，也兼具出席正式場合的優點。如果善加利用外套下襬的變化，套裝也能夠顯現出柔和的一面，這也正是我在套裝課題上鼓足勁的部分。

領部繫蝴蝶結，有女人味的長褲套裝。

長褲套裝之外搭配輕柔短外套。
適合每位女性的套裝，很好搭配。

套裝應該穿起來柔順有女人味。

白色罩衫的尾部是飄曳的Ａ字型。

直接穿上外套，再繫上一條美麗的絲巾。

■透明布全新上市

由於新素材的開發，使得流行腳步越來越富變化。連玻璃紗（organdie 一種極透明的棉布）、天鵝絨（velvet）都能隨意地使用在人造絲製品上，捨棄以往高尚、講究的刻板印象，展現出輕鬆的一面，更開擴了設計的範疇。使用透明材質的衣服，以前總讓人感覺太性感，不是給一般人穿的。但最近研發出的透明材質很棒，連我都買了件黑裙子，希望年輕朋友們能更自由自在地享受透明質材衣服之樂趣。

在 POLO 拍賣會場上，我發現到穿出品味的人。粗藍斜紋布（dungaree）上衣底下，配一件藏藍色為底的白花長裙，長裙是厚玻璃紗（不透明的程度），非常優雅地搖曳生姿。粗藍斜紋布上衣穿在裙子外，腰際繫一條歐風皮帶。這種腰間繫皮帶的穿法，以前就流行過了，但歐風皮帶則另當別論。真是道地的 POLO 迷。

阿尼思．b商店中的女性，也在緊身褲（spats）上罩了一件式透明長衫，非常好看。康・臺・客魯康伍（COMME DES GAR CONS 日本服裝設計師川久保玲設計的女服商標名）正是以透明的裙子，配上附有透明領子與袖子的針織、羊毛上衣，全部都用上新材質設計衣裳。不太敢嘗試的朋友，將喪失大好流行機會。希望各位多多觀察，不，不僅是觀察，更希望大家一起跟上流行腳步，親身嘗試。

腰帶是歐風腰帶。
人造玻璃紗印花裙。
蕾絲洋裝下穿長褲。

透明玻璃紗之上再加一層。

寶藍色襯衫下搭配蕾絲罩衫。

■注意室內穿著裝扮

就像從冬眠中覺醒的動物一樣，我們人類也在天氣暖和時，身體便自然地要求活動。在舒爽的五月，當室內設計也迎接夏季之時，希望各位朋友別忘了注意室內穿著打扮。

是室內佈置先，還是室內穿著先？這就好像先有雞還是先有蛋的問題一樣。室內佈置清爽之後，裝扮也自然舒暢俐落；不，穿著打扮煥然一新，容易活動之後，自然想將屋子重新佈置一番。如果始終在理論上打轉，那麼做什麼事都會半途而廢，我就是這種類型。不要再抬槓了，立刻動手讓室內更美好吧！

這是動手換床單的好季節，統一用亞麻類，接下來再找搭配色調的睡衣。前年在巴黎就發現這種寢具專賣店，畫中描繪的正是。有點接近橘色的茶色床單、棉被，另外加上枕頭、抱枕、靠墊，經過巧妙擺設後，讓人有全部買回家的衝動。慾望歸慾望，我怎麼可能從巴黎買這些物品回家，最後只買了睡衣。美是美，卻缺少了統一感，是一個錯誤的例子。

先考慮室內佈置這個大前提，然後再尋找配合大舞台的室內穿著，就能表現出整體感。這麼說來，還是室內佈置先了？

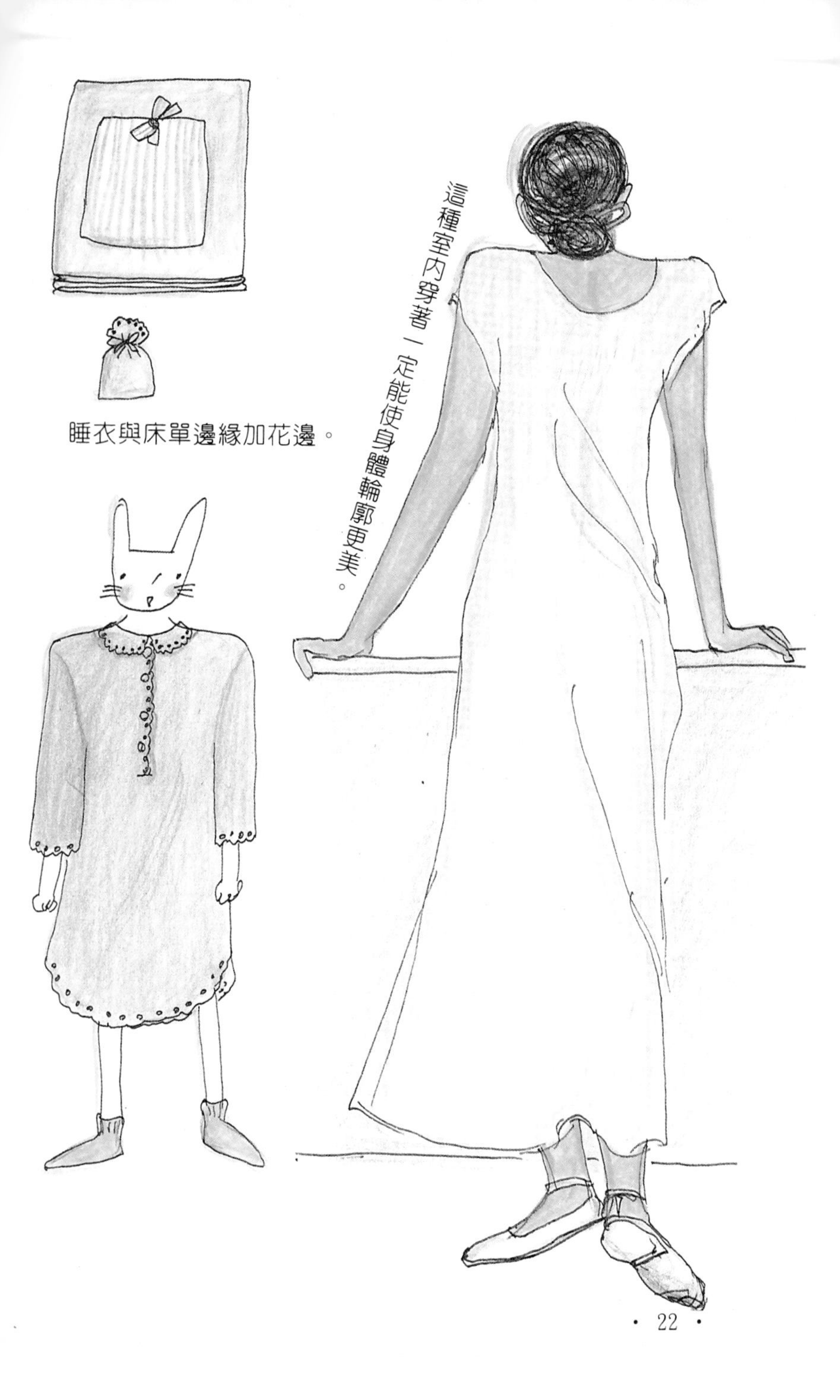
睡衣與床單邊緣加花邊。
這種室內穿著一定能使身體輪廓更美。

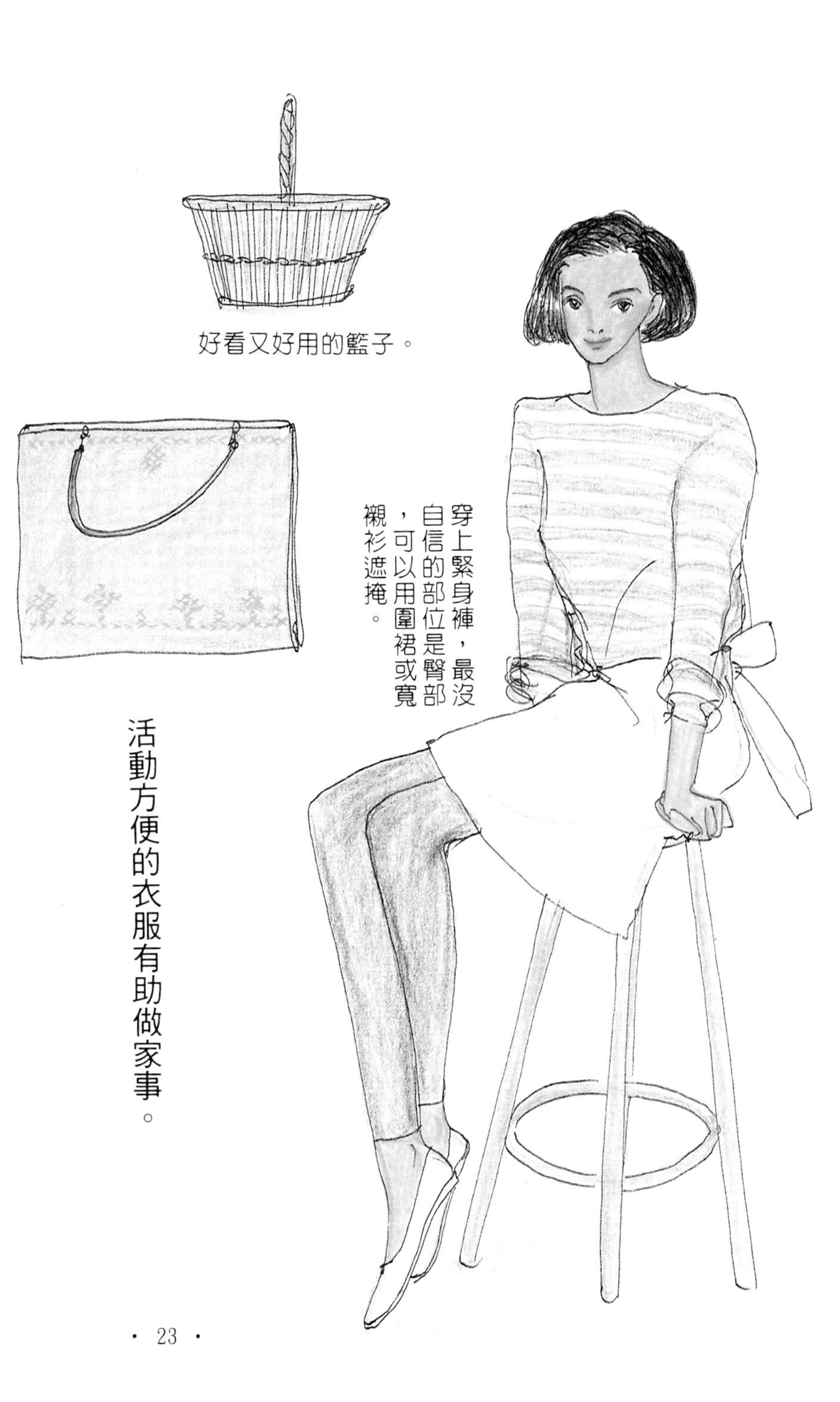

好看又好用的籃子。

穿上緊身褲，最沒自信的部位是臀部，可以用圍裙或寬襯衫遮掩。

活動方便的衣服有助做家事。

用飄搖的材質感受風

真的是已經到了不會過度意識流行的年齡了。但還是有吸引我意識之處，那就是下襬的寬度線條。不論毛衣、罩衫、外套或裙子，那寬闊的下襬迎風搖曳，線條非常優美。

我想起有一年流行A線條，街上到處可見A字型穿著。最近的A線條搖動得更飄曳、柔和，這正是嶄新之處。即使是冬季服裝的材質，也有柔和的傾向，讓女性顯得格外嬌柔。如果搭配夾克或外套，兩者對比就很有趣，有點不搭調的感覺。因此，不要侷限於夾克，試試罩衫、毛衣，想想更別緻的穿法。

雖然沒有必要因為流行而購買，但看見流行品感受其新鮮、亮麗的心情很重要。一旦預備添購毛衣、罩衫時，就可以朝此方向嘗試，也許能呈現出未曾流露的風味。除此之外，妳將能享受打扮樂趣、嘗試新冒險，甚至連生活都出現變化。這麼說並非誇大其詞，相信妳必能感受全新的自己。

讓柔軟材質（人造絲五二%、聚脂纖維二八%、安哥拉羊毛二〇%）的毛衣與身體一起擺動！這已經不是拘泥於羊毛的時代了。

寬運動服配寬長裙，很有份量。
短外套也有A字型設計。

外套內穿下襬寬的罩衫，長褲以合身為宜。我沒本錢這麼穿。
套裝之內搭配露出下襬輕柔飄曳的長罩衫。

■毛衣改變了

接下來談談新型毛衣。不僅線條不一樣，連材質都有了變化。毛線比較細，細得像布一樣可以設計各種款式。已經不再像以前那種生硬的毛衣了，而類似針織衣。有毛與人造絲的混紡、精紡毛針織、棉與毛、蠶絲與人造絲的混紡等等。

新型毛衣的穿法也是各式各樣。鬆緊式高領、毛衣內穿襯衫翻出領子、沒有鈕扣的鬆緊開襟羊毛衣就這麼穿著，或者搭配別針也很棒。

柔軟材質毛衣可穿在外套內，代替罩衫穿著也不錯。如果材質為緞子（像天鵝絨般的針織衣），則依搭配方式，也可穿得非常優雅。圖片中所示範的開襟毛衣，是聖誕節在紐約購買的，實際上是紫紅色，但圖片中展示有春天氣息的水藍色。

我很喜歡它的款式，可搭配單件式洋裝，也可以在領子上別別針，下襬寬寬的很自在。友人看了說：

「對啊！也可以這麼穿嘛！我下次去一定要買一件回來。」

針織衫仍是一點一滴不斷變化。

優雅自然的穿著自由自在。

新質料的上衣也有各種穿法。
領口寬鬆的針織衫，有春天的顏色。
加入透明編織。
亮灰色的針織衫編織簡單，柔軟好穿著。

腰帶

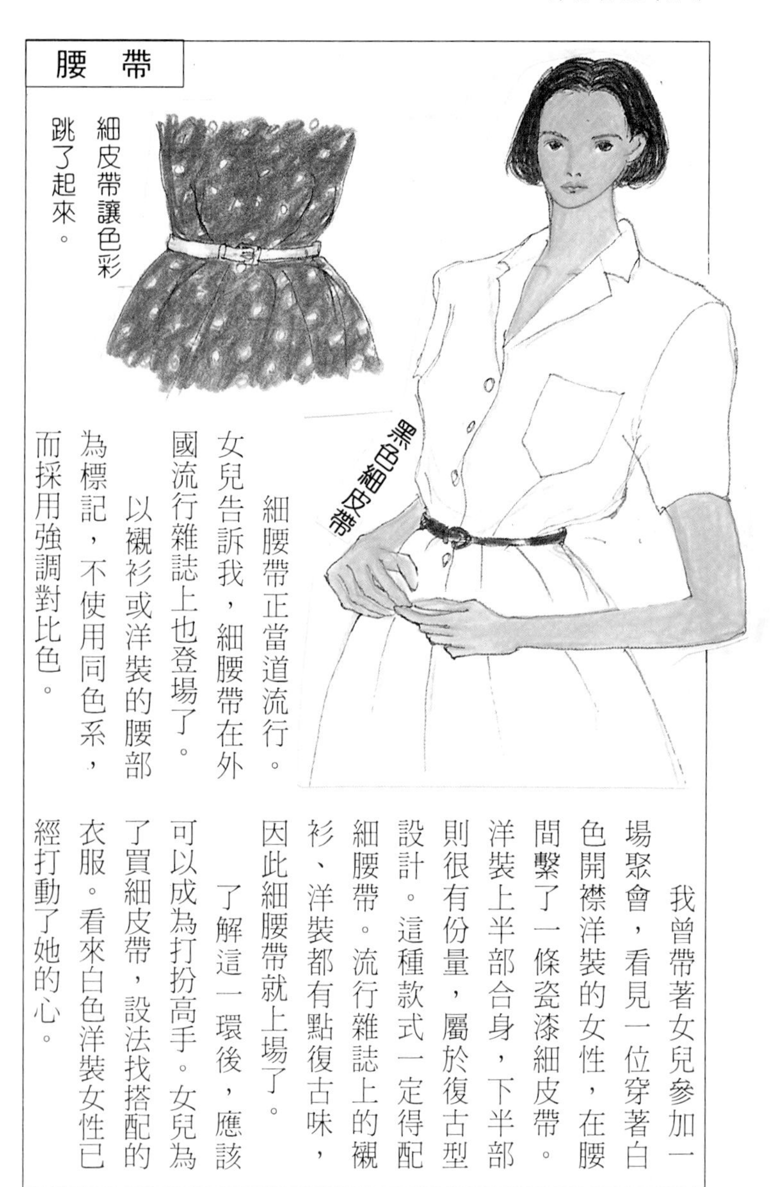

細腰帶正當道流行。女兒告訴我，細腰帶在外國流行雜誌上也登場了。

以襯衫或洋裝的腰部為標記，不使用同色系，而採用強調對比色。

我曾帶著女兒參加一場聚會，看見一位穿著白色開襟洋裝的女性，在腰間繫了一條瓷漆細皮帶。洋裝上半部合身，下半部則很有份量，屬於復古型設計。這種款式一定得配細腰帶。流行雜誌上的襯衫、洋裝都有點復古味，因此細腰帶就上場了。

了解這一環後，應該可以成為打扮高手。女兒為了買細皮帶，設法找搭配的衣服。看來白色洋裝女性已經打動了她的心。

第二章

更出色的裝扮研究

■希望成為這樣的女性

一個人的生活方式表現在裝扮中，所以我主張不同凡響的生活方式。嗯……這還做得不太理想，但若能從簡單裝扮著手，生活方式則尚有改善的餘地。現在試著想像一下。主角是年輕獨立女性，有工作、單身、喜歡自然的裝扮，即使在家中也執著於能顯現出自己品味的顏色。雖然追求簡單的生活，卻也喜歡別緻的物品、美麗的飾物。她巧妙地運用這些身邊小東西，充實自己的生活。假日出外運動、看電影，連休假期則安排長途旅行。

當然，不但烹飪拿手，也能進行簡單的縫紉。

雖然喜歡逛街，卻不會亂買東西，腦海中清楚掌握該買什麼，不該買什麼，可說是位購物高手。在此附帶一提，今年初冬購買的物品有搭配服裝的鞋子，以及柔軟羊毛大塊圍巾，雖說大塊，但挑選重量輕者。今年也想添購一件毛衣，但不很急迫，慢慢來。這種生活方式絕不華麗。但也希望自己在聚會、宴會中展露不同風情，所以也必須準備這類禮服。盛裝本來就令人愉快。像這樣，腦海中經常出現這種理想生活方式與裝扮的女性，然後消失，回到現實。

任何場所均展現室內設計之美。

亞麻類要小心整理。

輕鬆地穿著兩件針織衫，感受自然生活。

新型組合鞋。

十一月是最適合穿有腰帶外套的季節。

生活方式表現於裝扮。

■令人憧憬的電影流行

從今年秋天開始，流行走向為典雅、精緻。這麼說也許沒錯。幾年前的一個夏天造訪巴黎，雖然天氣炎熱，但寢具店櫥窗卻以秋冬貨品裝飾，令人有與季節不符之感。於是我心血來潮，想試試非季節性穿著，也就是不按常規穿。短褲運動衫套裝選擇初冬的灰色，另一套套裝也選擇灰色。

到巴黎旅行有點緊張，再加上季節的差異，因此雖然是夏天，我認為還是買些秋天物品較好。就這樣缺乏慎重考慮地買了兩套套裝。回來之後一穿，發現自己的選擇正確，終於鬆了一口氣。這套腰身剪裁外衣，有高高的領子，剪裁讓人看出身體的曲線美，很像一九五〇年代的流行。另一件上衣前側有兩條裁線，能夠強調胸部的曲線，裙子也是兩片裙，長度至膝蓋下，很有女人味。不像以前那種長裙或膝上短裙，應該不難想像吧！

那個時代電影中的女性穿著典雅、精緻，年輕的我很憧憬那種風格，如今走過三十歲、經歷四十歲，電影中的女性們還是那麼優雅，而我只有迎接五十歲的到來，什麼也追不上。不是嗎？

這種帽子和時代設計衣服相似。
一位朋友的偶像
克莉斯汀·迪奧設計到現在還很流行。
俐落又不失優雅

■街頭流行

在街頭生氣勃勃步行的人們，他們的流行很有意思。其實就是所謂的街頭流行，當我們看見一位出色的人時，總不自覺地想跟隨其腳步。現在出現很多像巴黎一樣的露天咖啡館，人們可以坐在位置上觀察過往行人，但總覺得現在好像變成坐在位置上的人被觀察似的。不管怎麼說，這都是可喜的事情，因為這是重新注視自己的好機會，看別人，然後重新看自己。從他人身上可以學習到什麼是美、什麼是醜，可以重新調整步行姿態、裝扮方式。

「紐約女性打扮很時髦，今年春天好像流行黑色裝扮。」

調至紐約工作的友人說道。

旅行的目的之一是觀察街頭流行。上班族、學生、中年婦人，甚至上了年紀的女性，各有各的生動裝扮，能夠研究從上至下的整體搭配。套裝外搭配一件外套也很不錯。有一套全身黑的服飾看起來非常俐落，大概是由於窄褲管、頭髮盤髻的關係吧！窄褲管棉褲搭配無領罩衫，也是女性不錯的選擇。就這樣，旅途中挑一天仔細地觀察過往行人，享受另一種旅遊樂趣。

快步走在街上的紅洋裝女性，
是色彩搭配高手。
全身黑色的人。

牛仔布小外套顯出古老味，長褲是深黑色。
從上到下色彩搭配之美
令人感佩。

不要固執於造型

在街頭上還看見穿著簡單卻出色的人。黑色裙子只配上一件白襯衫，就吸引人們的目光，展現無窮魅力。當然，這也得本人身材好、臉蛋美，但同樣是美女，卻多半不太會搭配。

在這個千差萬別的世界上，一定有補救之道。連對自己的身材、容貌毫無信心的我，都有信心讓自己成為魅力四射的人。希望各位朋友以嶄新的眼光重新審視自己，重新思考造型。

在畫中描繪的是各個鏡頭下完美的造型。專心工作的姿態、假日的休閒裝扮、做家事的自然裝扮等等，雖然是一條線貫穿，但我在想，各個鏡頭下的服裝是否能穿得自在，才是主題所在。

輕便服裝、正式套裝、豪華長裙、洋裝，都可以成為自己裝扮。也許人們常說每個人個性不同、裝扮也不同，但卻往往太固執於自己的型了。喜歡精緻衣服的人，即使穿休閒服也非常講究，往往給人不得體的印象。也有些人習慣穿廉價次級品，即使在正式場合也不改變其一貫做風。像這些都是太過於固執自己造型的例子。

在穿著上重新審視自己，應該是每位朋友都必須做的功課。

不管什麼樣的穿著都要以柔軟為主。

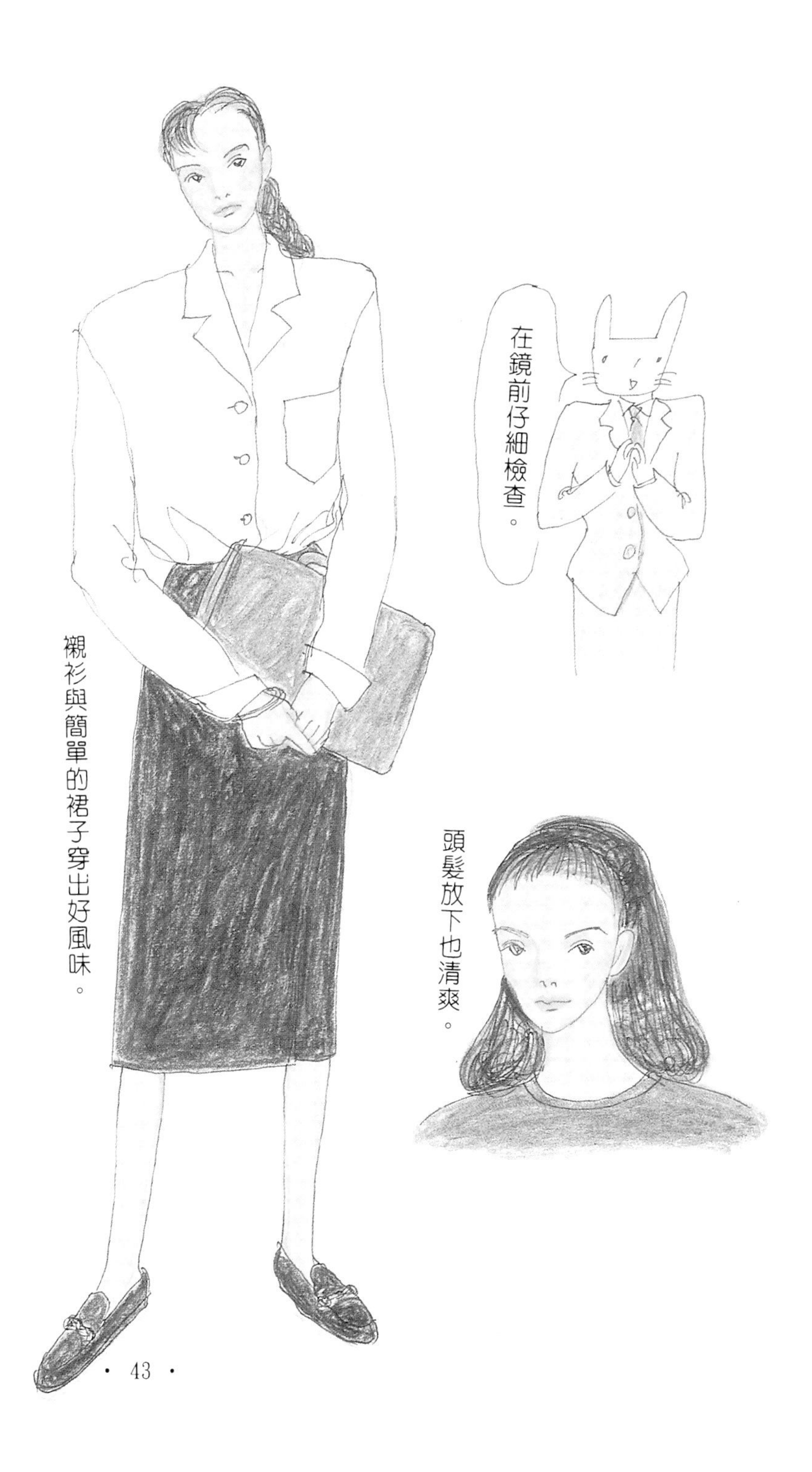
在鏡前仔細檢查。
襯衫與簡單的裙子穿出好風味。
頭髮放下也清爽。

■穿出自己的味道

即使室內服，也有工作服、休閒服之不同。打掃、洗衣時，著重活動方便，當然應重視活動機能。而休閒時，最好穿著舒暢、配合個性的衣服。

這裡所說的配合個性，就得看妳是屬於可愛型、浪漫型或自然型等等。這個時候才真正是以自己為中心，表現出自己個性的穿著時間。

「在室內穿衣也應依目的不同而更換。」

「是啊！雖然無法完全做到這個地步，但真是這個時代的努力目標！」

我和友人這麼談著。

電影『八月鯨』中，招待友人到家中晚餐的老太太，換上胸衣、洋裝迎接客人，顯得非常亮麗。在歐美人的家居生活中，即使長袍也分為浴室用、寢室用、喝茶用，這種豐富生活情趣在電影中一覽無遺。

在家做家事、在家休息、到附近購物，樣樣都要有新鮮的心情。

到附近的舒適裝扮。
容易穿的襯衫在胸前加些羅紋，更顯得嬌柔。
柔順的裙子配上室內芭蕾舞鞋，展現不同風味。

■短髮搭配簡單裝扮

短髮正流行，好像剪了頭髮，心情就會好似的，大家一窩蜂地剪短髮。打開電視一看，這個人也剪了、那個人也剪了，好新鮮啊！

在紐約，也以短髮女性居多。由於頭形好，很適合削短髮，而且髮色明亮，即使長髮看起來也不顯得笨重，短髮就更輕盈了。不知是不是為了配合短髮，她們的服裝也非常簡單。

短髮簡單而自然。雖然也有長髮讓人感覺簡單、自然的例子，但短髮更是如此。我儘量避免因自己喜好而有先入為主的觀念，但事實上，我有喜歡短髮的傾向。不過分造作、修飾，簡單表現出自己的自然裝扮，正是我所追求的。

我本身沒有剪短髮的勇氣，只將長髮往上盤個小髻而已。我想如果我真的將頭髮剪短，那心情不知道會有多好。想是想，如果真要選擇將頭髮剪成俏麗短髮，或土里土氣的越來越像歐巴桑，那保證九成願意成為歐巴桑，這是年齡的問題。

也有人認為，歐巴桑就是歐巴桑了，要有自知之明，但同樣是歐巴桑，用髮髻將頭髮盤起來，就雅緻多了。

不知道從什麼時候開始變得這麼保守。記得以前頭髮一長就想變個花樣，或乾脆將它剪短，讓心情改變一下，不過那是很久以前的事了。不行，一定要再重新思考，非得自我改革不可。

要說紐約女性和日本年輕人的裝扮有什麼不同的話，那就是她們的衣著裝飾感覺比較穩重。這是旅行十天來的結論。

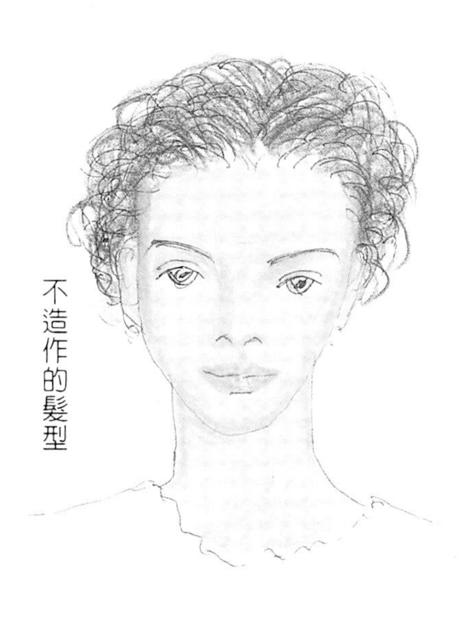
不造作的髮型

蕾絲領巾

美麗的動作、美麗的表情是重點

為了美麗，什麼都可以，這是現代年輕人的傾向。我家女兒就是最好的例子。在書店中翻閱的是美容資訊，她對化妝品的了解程度令我吃驚，在街頭對人的品頭論足也非常敏銳。那個人的頭髮很美，那個人的腳比我的細嗎？寧願頭髮美、肌膚醜？還是肌膚美、頭髮醜？那個人很漂亮、氣質也很好等等，開口閉口都是和美容有關的話題。我告訴女兒，我像妳這種年紀的時候，根本連化妝是什麼都不知道哪！女兒一臉茫然地看著我，好像覺得那是很不可思議的事。

我最近也對美麗的表情、姿態、說話方式非常嚮往。就算穿著高級服飾，如果整個人讓人感覺不出美的話，一切都是惘然。我曾在某雜誌中和稻葉賀惠小姐對話，稻葉小姐充滿感性的表情，非常吸引人。

事實上，在日常生活中注意美麗的動作、表情，比講究服飾、化妝具有更大意義。「既不年輕，也沒有錢，在這種條件下要讓自己顯出美麗，就只有靠美麗的動作了。」

我就有這種朋友，她還特地去學古典芭蕾，讓自己的儀態更美好。在我們這一代，終於領悟到內在美有多麼重要。

寬鬆的衣領
強調飾品。
繫在領口的別
針隨身體動作
搖擺。
造型佳、走路姿態美，真想見其廬山真面目。

內在美要用心磨練。
領子造型顯露女人味，坐姿也很美。
背部挺直隨時保持端正姿勢。

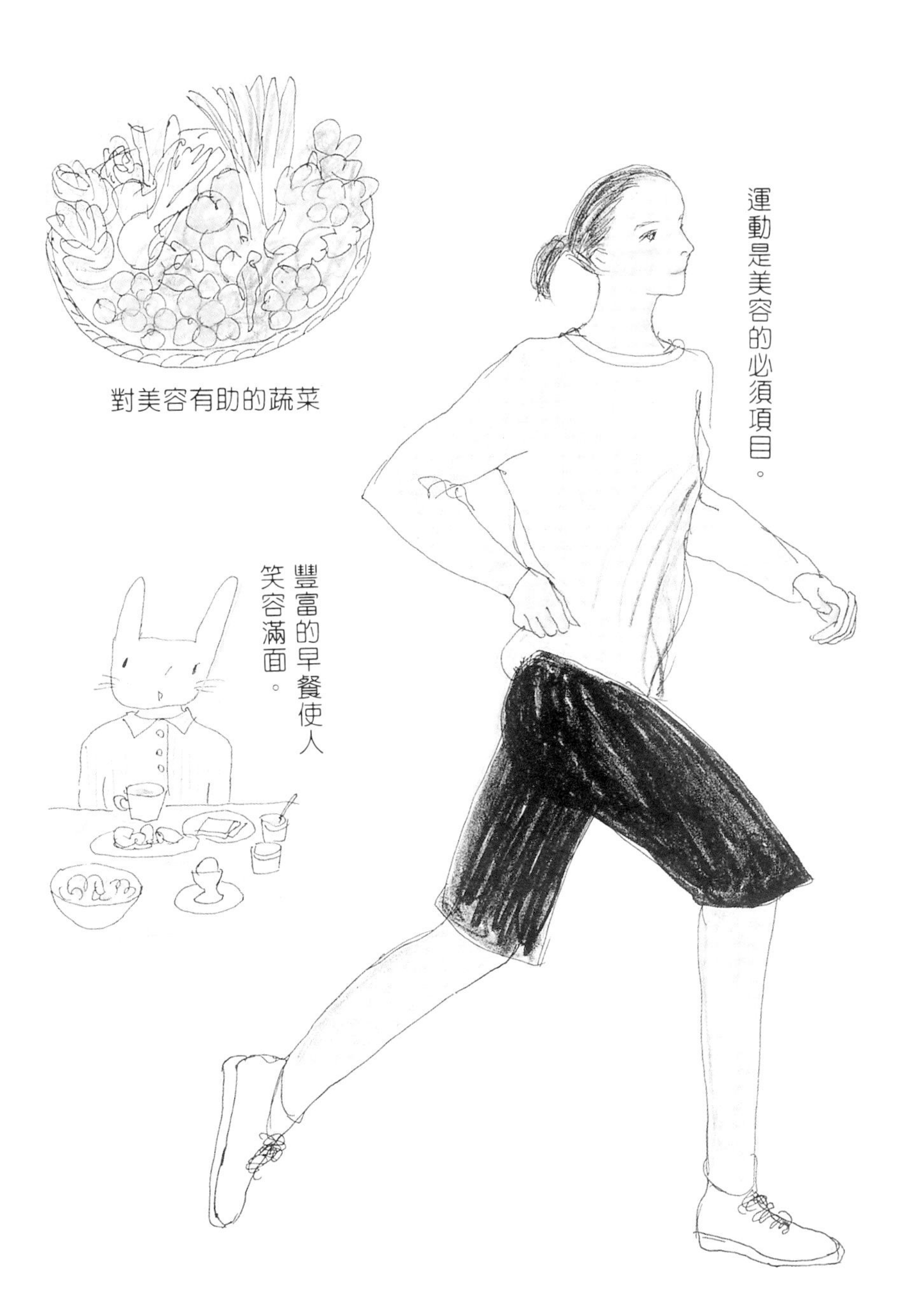
運動是美容的必須項目。
對美容有助的蔬菜
豐富的早餐使人笑容滿面。

夏季的輕便背袋

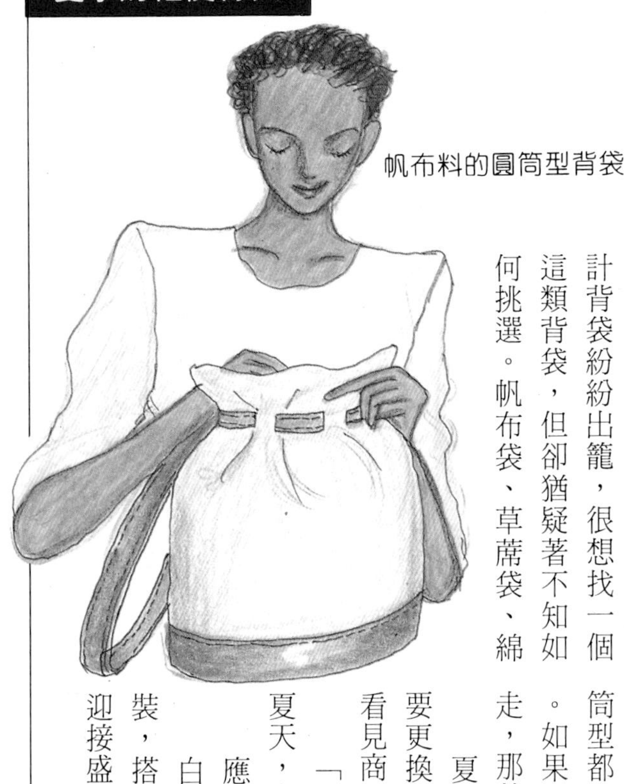

輕鬆的服裝配上輕便休閒袋最合適。夏天一近，各種設計背袋紛紛出籠，很想找一個這類背袋，但卻猶疑著不知如何挑選。帆布袋、草蓆袋、綿布袋，或者與皮革混合編織成的背袋，形狀也從扁平型到圓筒型都有，真是令人眼花撩亂。如果在遲疑中讓夏天悄悄溜走，那就什麼也跟不上了。

夏天一到，背包、鞋子都要更換，這種意識有點薄弱。看見商品就說：

「不行、不行！為了享受夏天，向夏天表示敬意吧！」

應該要有這種特殊心情。白色、米色或亞麻色的服裝，搭配夏季背包，抬頭挺胸迎接盛夏吧！

第三章

穿著的訣竅，演出最完美的自己

■定型服的秘密

穿著次數比較多的衣服，總覺得穿起來身體舒服些。我們每天所選的衣服，並無法硬是要說出為什麼如此選擇的道理。

「這件夾克穿起來很合身，顏色也很穩重，所以我選擇它。而且它可以和黑裙搭配，整體看起來顯得苗條多了。」

即使選了外套和黑裙，也不可能長時間穿著。我們幾乎是接近本能地選擇衣服，一件外套就像一片磁盤一樣，其中包含各種資訊。

穿著次數少的衣服，就是某地方出了問題，雖然好像不在意地刻意想忘記這些問題，但本能還是很直接地避免這些衣服。

定型服就是自己穿著次數較多的衣服。也可以這麼說，定型服越多，就表示自己的衣服生活越聰明。以這種定型服來分析自己，會發現其中隱藏重要含義。

從增加適合自己定型服的層面進行軟體分析，會意外地發現自己所不認識的自己，也會清楚自己的喜好方向。

從來不碰的衣服，大概就是不適合自己的衣服，代表不應再添購。

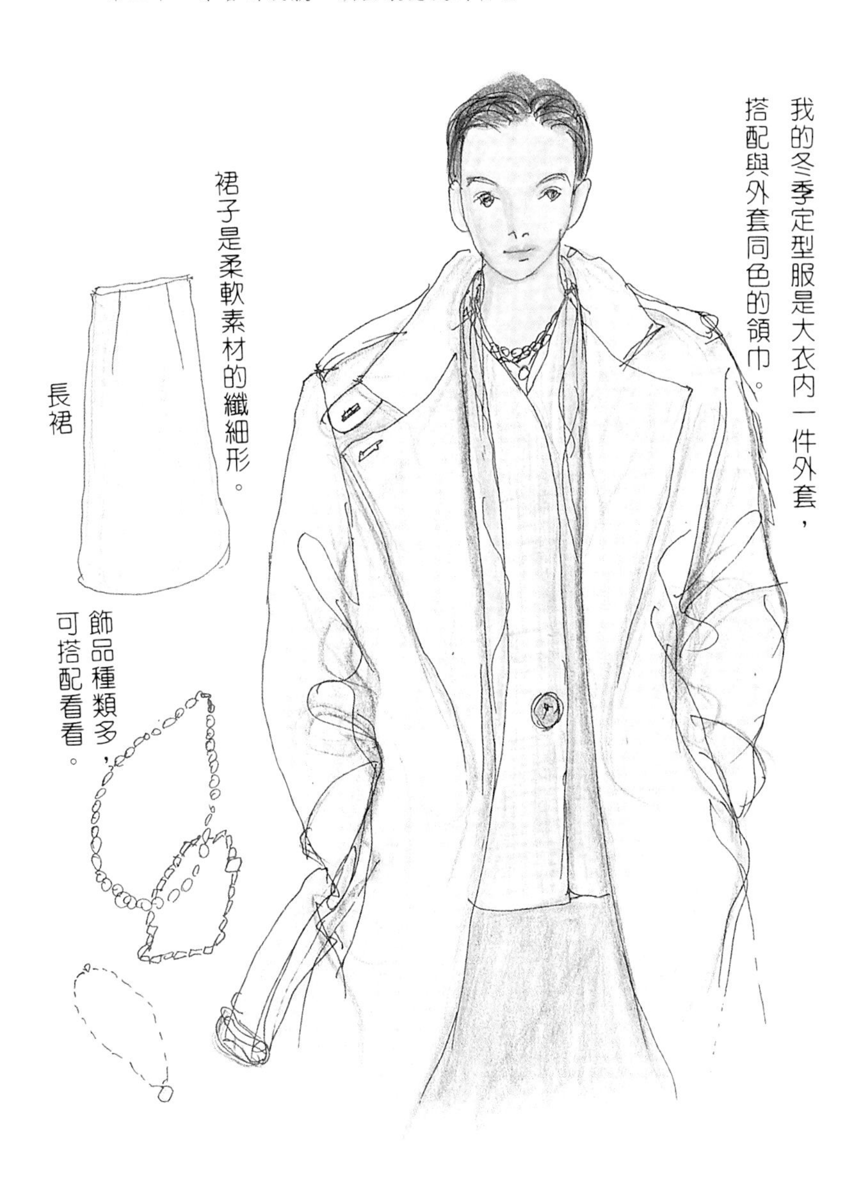
我的冬季定型服是大衣內一件外套，
搭配與外套同色的領巾。
裙子是柔軟素材的纖細形。
長裙
飾品種類多，
可搭配看看。

分析定型服可意外發現
自己所不了解的自己。

針織背心與寬大的襯衫。

定型服越多，
每天挑選衣服越愉快。

■檢查不穿的理由

每次換季就搬出來，結果有些衣服還沒穿到，又到了換季時刻。這類衣服每年周而復始，就是放在那裡而已。完全沒有出場機會的角色，仍然一直等待時機表現，真可憐！

想想看這種衣服的功用吧！好不容易買回家了，就這麼壓箱底不是太可惜了嗎？拿出來看看，通常是某處有缺點（對自己而言）。要妳不在意缺點是不可能的，但希望妳想辦法彌補缺點。

太短的洋裝，就當上衣來穿，下半身搭配長褲。太過合身的洋裝，可再套上一件衣服，就看不出緊繃了。

花色太艷的衣服，可以用穩重顏色的外套蓋住。不用再多添衣服，也能穿出新鮮感。

是嗎?原來是這樣啊!腦海中浮現一些壓箱底的衣服。一件痲料透明衣裳，三、四年沒穿了，也許當成一件外衣很不錯喲!領口別上別針，腰間繫上腰帶就成了。長洋裝胸口太露了，如果裡面加上緊身T恤，就不必在意領口低了。像這樣，尚未派上用場的衣裳一件一件登場，展現一番新氣象。

缺點：棉布有點前衛的設計，不但容易縐、長度也太短了。

穿上緊身衣褲後再套上洋裝。

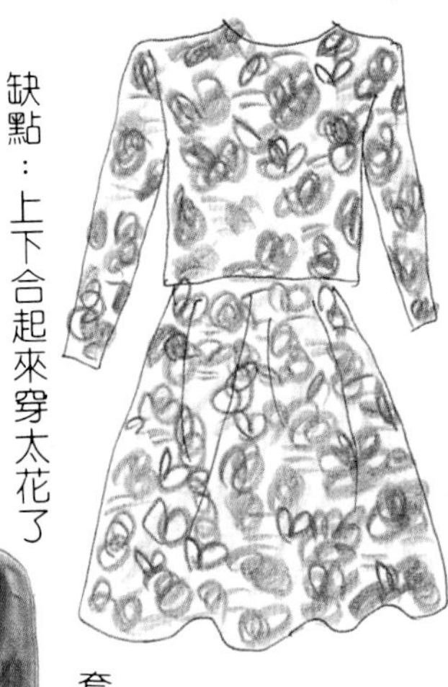

缺點：上下合起來穿太花了

套裝上再穿一件寬鬆毛衣就沈穩多了。

花點工夫將壓在箱底的衣服更新上場。

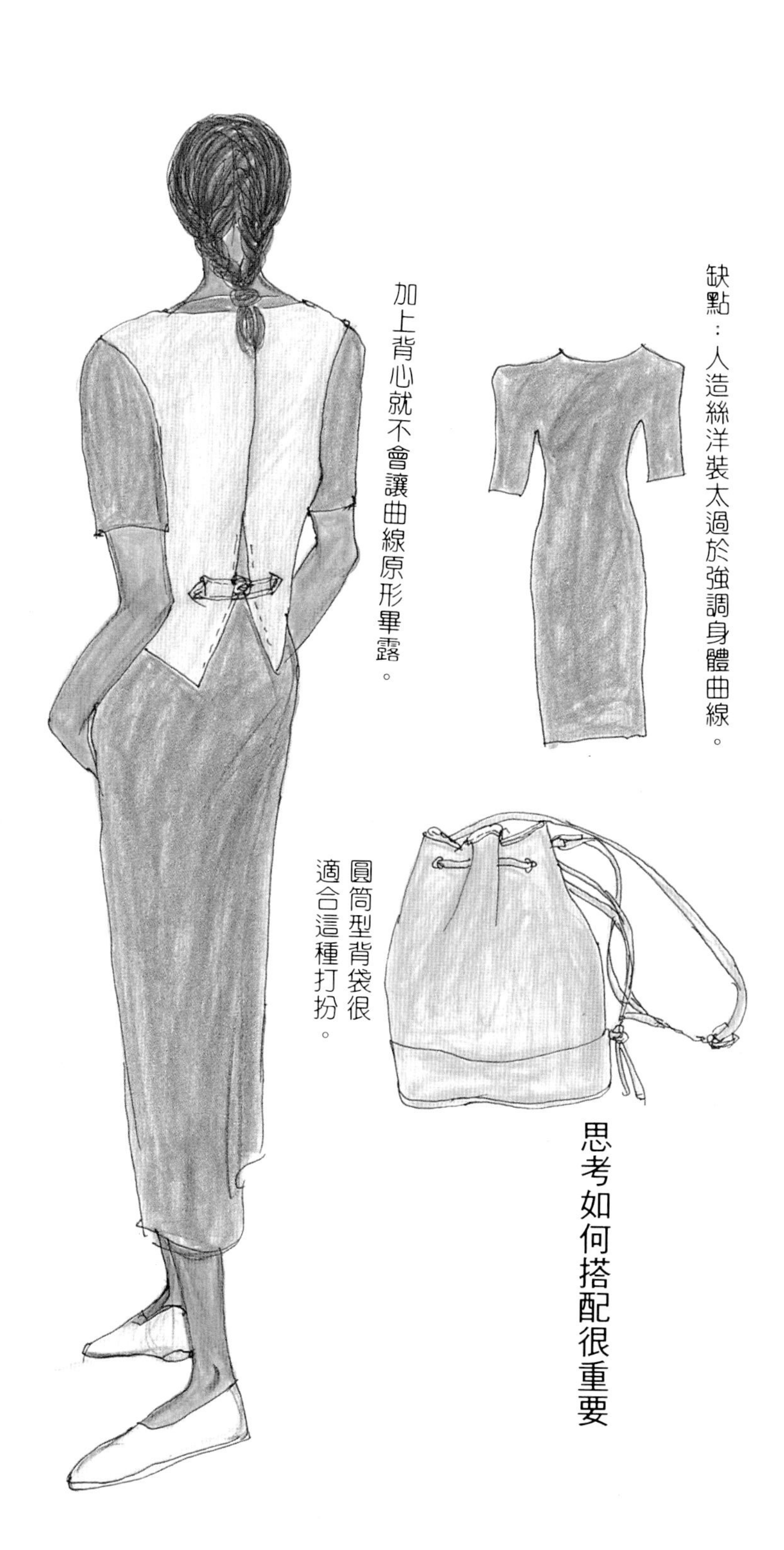
缺點：人造絲洋裝太過於強調身體曲線。
加上背心就不會讓曲線原形畢露。
圓筒型背袋很
適合這種打扮。
思考如何搭配很重要

■搭配重點

會穿衣服的人也一定會搭配衣服。有些人搭配得很得體，有些人就不太會搭配，形形色色各種人都有。其實只要找到重點，一切問題應該可以迎刃而解。在此一一列出自然美麗搭配的重點。不要偏離服裝的基本，巧妙選擇相似的線條，展現自己的個性。

首先是外套。

外套以微妙的差異色，或與不同線條的裙子組合，好像是當今流行的「搭配」。這時候不考慮黑或暗紅等傳統色將更有趣。

穿著上下套裝時，將上衣的鈕扣拆除，讓裡面的襯衫或圍巾露出來。外套內搭配感覺柔和的一件式洋裝也不錯。還有將女性嬌柔特質以外套來表現的方法，此時外套應該長一些較好搭配。

罩衫一定要有餘裕展現氣氛。

寬大的罩衫要顯出份量，配合纖細的長褲很好活動。也可以在一件式洋裝上套罩衫，看起來像披巾，又有外套的效果。

飾品等小東西，有時候反而給衣服添麻煩。例如針織衫，還是呈現自然味最好。如果顏色搭配得宜，就能變化出不同氣氛。

領巾與裙子同色系很相稱。
購買時上衣和裙子不要配成套，讓顏色調和些。
穿套裝也可以，但感覺硬了點，加上罩衫或手帕裝飾較妥當。

穿著得體展現個性美

寬大襯衫與緊身褲很相配。

襯衫也可以像外套一樣穿

將重點往上移看起來更美。

讓合身洋裝穿出順暢的味道，加上蘇格蘭風小背心，更顯出優雅氣質。

一件式洋裝穿在身上，這時候強調身體曲線的腰帶會導致反效果，減少纖細的印象。強調重點儘量放在上半部，直線條看起來較纖細。

簡單的洋裝不加任何飾品，只配戴耳環。

最後是裙子。

有份量的裙子，最好挑選質地柔軟，看起來苗條的。圖片中模特兒上半身份量輕，展現出美麗的裙子。在這種情況下，裙子儘量長一些，才能顯露出氣氛，半長不短的裙子搭配華麗上衣，就不夠流暢。

還有一種應用方法，就是在長裙外搭配蓋住臀部的長毛衣，也是當今流行式樣。以基本服裝依照個人品味搭配穿著，妳就離穿衣高手越來越近了。

上衣儘量簡單
上半身份量較輕
透明的裙子（玻璃紗）
如果有縐褶就可放心。
有跟休閒鞋
較合適。

■結婚典禮的服裝也可以有自己的味道

看著展示櫥窗中迷人的結婚禮服，友人說：

「好漂亮的結婚禮服喲！妳女兒穿一定很美。」

「還早呢！不過，真的是美極了。這種簡單的禮服顯得很莊嚴。」

沒什麼理由，我們推門入內。

結婚禮服也隨時代有些變化。挑選的人各式各樣，也有不少人非得豪華禮服不可。

話說回來，參加婚禮者的服裝也是一個大問題，很難決定要穿什麼衣服。服裝不但得考慮季節、氣候問題，也得看典禮或宴會的型式、氣氛。如果是豪華婚禮，當然可以著盛裝，但如果是屬於自然型式，則太過華麗的禮服就不得宜了。

我曾參加過幾次年輕人的婚禮，受邀友人的衣著多半豪華，讓人有種沒穿出自己味道的感覺，這不正是扼殺自己的證據嗎？

希望每位朋友都能穿出自己的品味，即使結婚典禮也不例外。只要記住一件事，絕對不要挑選與自己個性不合的衣著。

絲巾是重點
輕鬆的人造絲絨
簡單卻有新氣象的裝扮

■拍賣中成功的訣竅

清倉大拍賣之時，只見一窩蜂的人潮。我也一樣，一聽見拍賣，心中就萬分雀躍，恨不得立刻飛奔至現場。不知道是不是因為這個緣故，往往買回一些無用之物，真希望自己聰明些。

拍賣場中的專家，應該是很有經驗的購物者。平日逛街就已經打定主意，即使出現購買慾，也非得等到打折不可，因此在拍賣會場上的選擇目標相當重要。另外必須注意的是，選擇明年也可穿著的服飾很重要，流行性太強的服飾不要盲目購買。其實失敗的原因往往在這裡，買了今年流行新品，這種新的意識過強，結果隔年反而顯得更舊。只因為價錢便宜，卻喪失了掌握本質的著眼點，當然會在拍賣場中失利。

雖然不能建議各位在今年清倉大拍賣中買什麼，但我可以告訴各位，我想買的是短筒靴、質地柔軟的毛衣，如果價錢便宜，我還想買一件外套。因為這些物品我可以一直用到三月初，而且傳統型外套的設計沒什麼大變化，明年也可以穿。

因為是拍賣，所以更得慎重。巧妙地計畫，成為拍賣場中的高手，讓人人稱羨。

最好有一件輕而暖的大衣。
希望準備一套厚質料套裝。
毛皮鞋應該會打折

馬靴

秋冬鞋子一片馬靴天下，是最近的事情。如果能準備一雙如圖所示，造型自然、色彩傳統的馬靴，將很好搭配服裝。

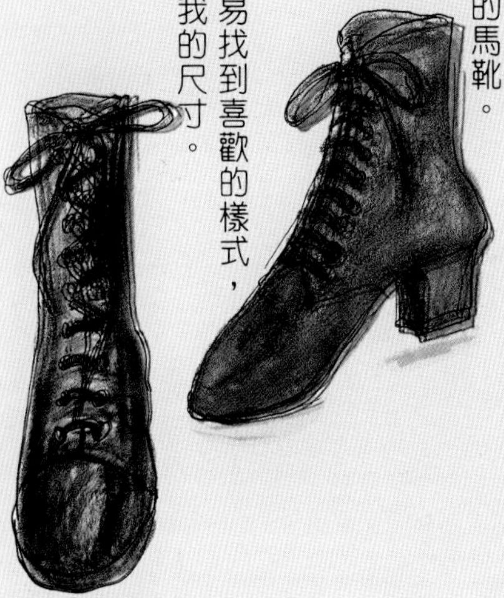

今年想找這種款式的馬靴。

好不容易找到喜歡的樣式，卻沒有我的尺寸。

只要不選擇流行性太強的馬靴，就不怕褪流行。例如類似麵包鞋，腳跟高、下端極粗的鞋子，或者腳趾處太圓的鞋子，都應極力避免。

我突然想到女兒的鞋子，多半不符合這些條件，以流行性強者居多，很難找到簡單、普通性的鞋子。隨隨便便就下手，不久便會後悔，還是先計畫好再逛街比較理性。

女兒果然為她所買的鞋子懊惱了。

第四章

裝扮項目、增強判斷力的方法

■大人的輕便運動鞋

兒子問道：「媽媽最感自卑的地方是哪裡？」

「很多耶！像腳太粗、腳太大……等等。」

「腳太粗是沒什麼辦法，但腳太大就沒什麼好煩惱的，只要穿帆布鞋就可以了！像紐約女人一樣。」對啊！帆布鞋。幾年前我常穿帆布鞋，因為那時服裝多半自然、輕便，搭配帆布鞋很恰當。最近年齡漸長，打扮也走精緻路線，所以與帆布鞋無緣。有家商店販賣絲製輕便鞋，銀灰色的，非常漂亮，深深吸引我。

「這是依照帆布鞋的原理，配合宴會等正式場合所設計出來的鞋子。」店員如此說道。這麼說來，我這種年齡也可以穿了，而且看起來比較年輕，真想買。

夏天足部要輕鬆，鞋子也要輕鬆，如果穿雙厚重大鞋子，就會顯得不協調。要說輕便鞋的話，也許質料以帆布、亞麻等自然品，或白色皮革為適當。

不管怎麼說，夏天都是回歸自然的季節，應該讓全身充分放鬆。拜夏天之賜，連像我這種歐巴桑都可以盡情放鬆、享受自然了。

小羊皮鞋若是此樣式，則很適合夏天。

裸腳穿帆布鞋，輕鬆又新鮮。

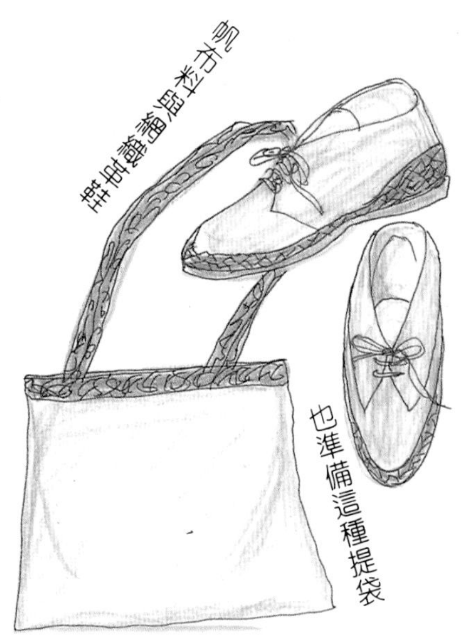
帆布料跟編織鞋
也準備這種提袋

帆布料輕便鞋

■飾品當主角時

廣告中夫婦倆一同觀賞女兒的鋼琴發表會。孩子得用心張羅，觀賞者也應該用心打扮。於是女主人取下絲巾，在衣領上掛一條鑽石項鍊。那條項鍊美極了，讓人忍不住想擁有它。

這是廣告，讓鑽石項鍊顯現出絕代風華也是出於廣告手法，但這正是我們使用飾品的重點。即使並非高級品，而是蘇聯鑽、假翡翠，也希望妳能特別強調它的存在，讓飾品倍感價值。

一般人都是因為無聊、買了就戴等因素，將戒指、項鍊戴在身上，其實這是不對的。換個方法，為了展現出胸針，特別找一套服裝搭配，讓飾品當主角。如果只是因為覺得領子是不是加點什麼比較好，這種單純動機而加配飾，還不如簡單些，什麼都別戴。

有時候話題是「那個人的別針好漂亮」、「妳的項鍊真美」、「這個戒指戴在妳手上真好看」（不是諂媚的話）等等，我想這些都是成功使用飾品的例子，也就是讓飾品活了起來。

想想看，抽屜好像有一堆無用品，不妨現在就檢查檢查飾品吧！

簡單人造絲洋裝，要搭配有個性的飾品。

簡單的宴會服搭配豪華飾品。

以飾品為主角，服飾變成多餘的。

巧妙使用飾品，能展現氣質。
亮銀迂迴的
大別針。
搭配金手錶
的手鐲

■領巾與圍巾呈現自我

等我發現絲巾不見的時候，已經太遲了，大概是在蒙莎．密雪寺裡掉的吧！

每次出國旅行，就一定會丟掉一樣東西，這次是這條青綠色的絲巾，想想真捨不得。與多年物品分開，而且遺落在遙遠的異鄉，讓我感到十分落寞。因為這件事情，讓我四處尋找能取而代之的領巾與圍巾。原本那條絲巾的顏色很漂亮，能讓衣服顯得更醒目，我把它當寶貝一般，如果不穿華麗顏色的衣裳時更是如此。

我非常留心四處尋找，發現領巾不但質材豐富，還有各式各樣的顏色、款式、花色，感覺上彷彿配合各種場面選擇領巾當裝飾品一般。雖然每條都很漂亮，各有其特色，但我不可能樣樣都買，結果挑選了寬度夠、能活用的領巾。

當然，給予領巾個性的是妳繫領巾的方法，不過我不太喜觀不自然的單肩三角型式，以及在領巾教室中所學到的繫領巾法。

依照自己流派偶然繫出來的型式就很有味道，沒必要什麼事都公式化。其實只是一塊布，就看妳如何使它生動化了。

有份量的圍巾重視顏色
柔軟的絲巾

古代電影中女主角捲在頭上的透明人造絲巾。
此部分參差不齊很可愛。
需要其他顏色時很方便的圍巾。
大塊圍巾可圍在緊身褲上，像裙子一樣。

■皮包大發現

皮包雖有定型的印象，但每季推出的新款皮包，還是令人眼花撩亂。

就在妳心想要，但又覺得價格太高的同時，妳想要的款式已經消失了。有些人鬆了一口氣，還好沒買，有些人則深感遺憾，心想如果現在再出現那種型式的皮包，非買不可。話說皮包不像衣服可以不斷地買，堆了一大櫥，所以最好準備幾款能搭配服裝、配合季節的皮包。最近買的是如圖所示的整齊皮包，不但具備自然風貌，而且材質佳，感覺高尚。這款皮包使用範圍很廣。

皮包只能試拿，非得等到實際使用後，才知道好用或不好用，所以就像賭一樣，往往失敗。因為還有其他好用的皮包，所以不好用的就一直放在冷宮中，想丟掉又覺得可惜，真可憐。

皮包的流行當中，也有能夠展現手藝的時候。例如，在布上刺繡、在皮革上調色等，也可以用毛線自己編織。

不過，我還是想在初冬買一個與自己製作不同味道的皮包，若不趕快決定，恐怕東西又要消失了。

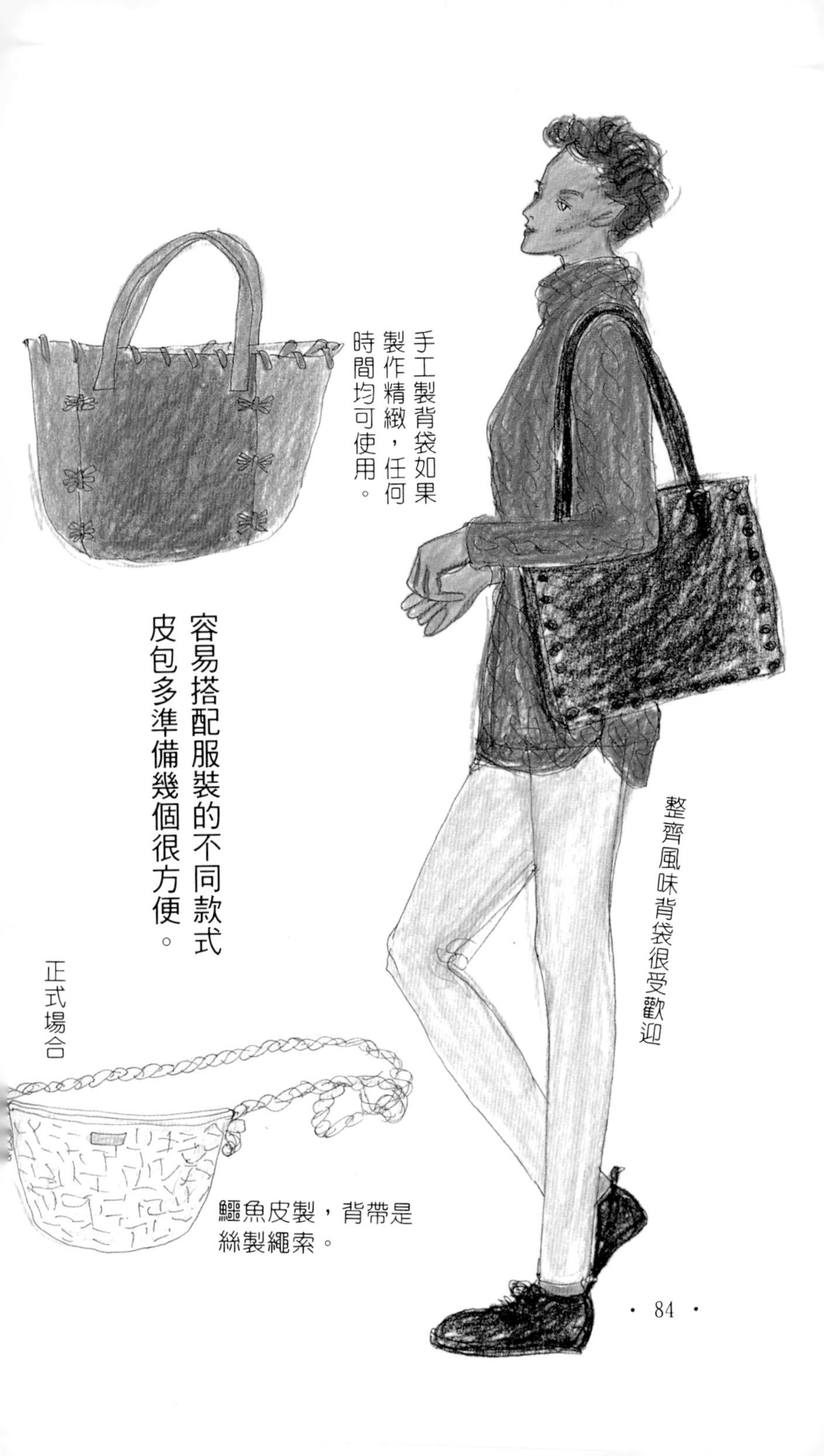

手工製背袋如果製作精緻，任何時間均可使用。
整齊風味背袋很受歡迎
容易搭配服裝的不同款式皮包多準備幾個很方便。
正式場合
鱷魚皮製，背帶是絲製繩索。

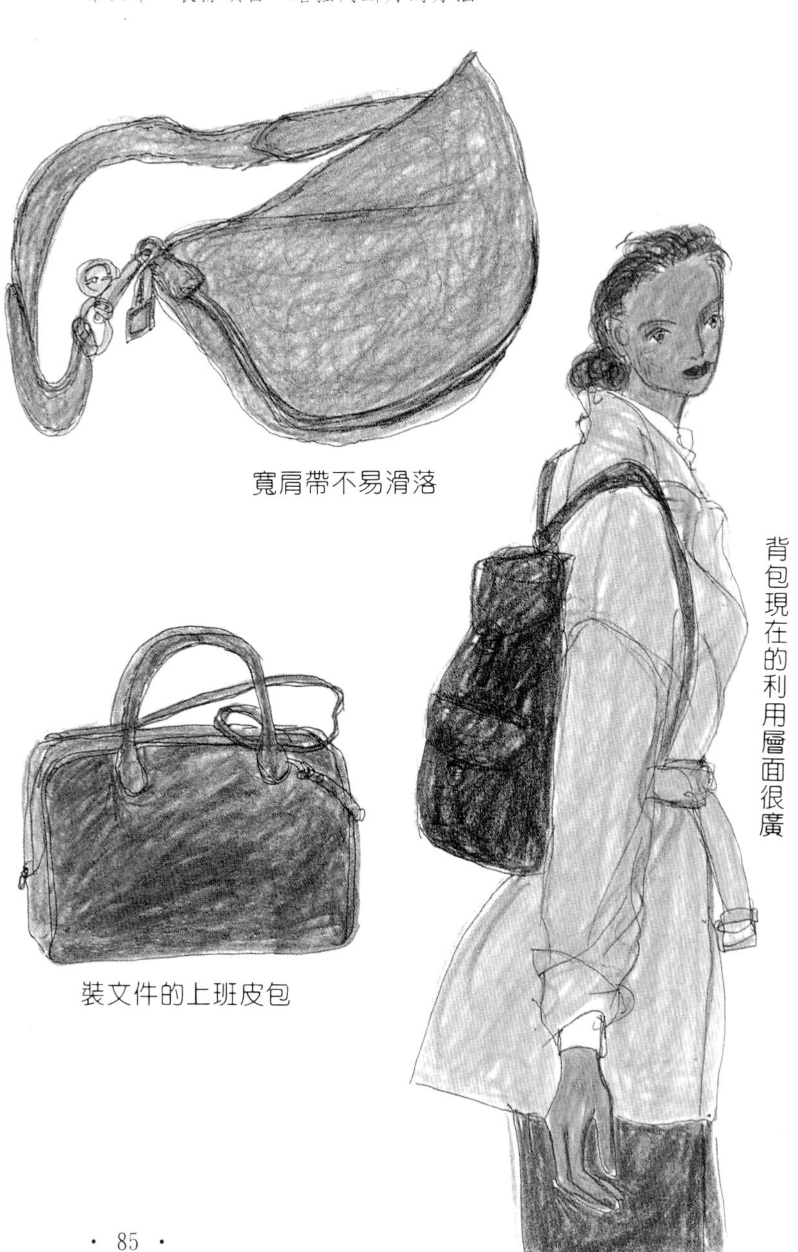

寬肩帶不易滑落

背包現在的利用層面很廣

裝文件的上班皮包

■女兒熱衷化妝品及美容

美容是女兒迎接成人時期的分野。哇！問得好詳細，如果這份熱心用在讀書上，不知有多好。在資訊發達的今天，年輕女性都對美容非常關心，我家女兒更是如此。從保養到彩妝用品，不斷地購買，由於是她自己打工的錢，所以我也不能說什麼。不過，我注意到她把買回來的東西保存得很隱密，大概是怕被我用，所以小心翼翼地隱藏起來吧！

一起出國時，她在化妝品專櫃買了一大堆我不認識的物品。

「這到底是什麼東西啊！」

「這是重點化妝品，蓋斑膏。」

連一點斑也沒有卻要用蓋斑膏，真令我百思不解。

「這是我的必需品！」

「我這個當媽媽的真是輸給妳了。」

這種情形對於我的美並沒有助益。有時她衝動購買後發現不合用的物品，會塞給我用，而且隨便說些我用了會如何如何改善之類的話。不只化妝，沐浴美容也像她的命一樣，要進行的程序一大堆，真是浩大的工程。我也向她見習一番，但急躁的個性讓我無法長久持續。慢慢地享受愉悅，也許是邁向美麗的捷徑。

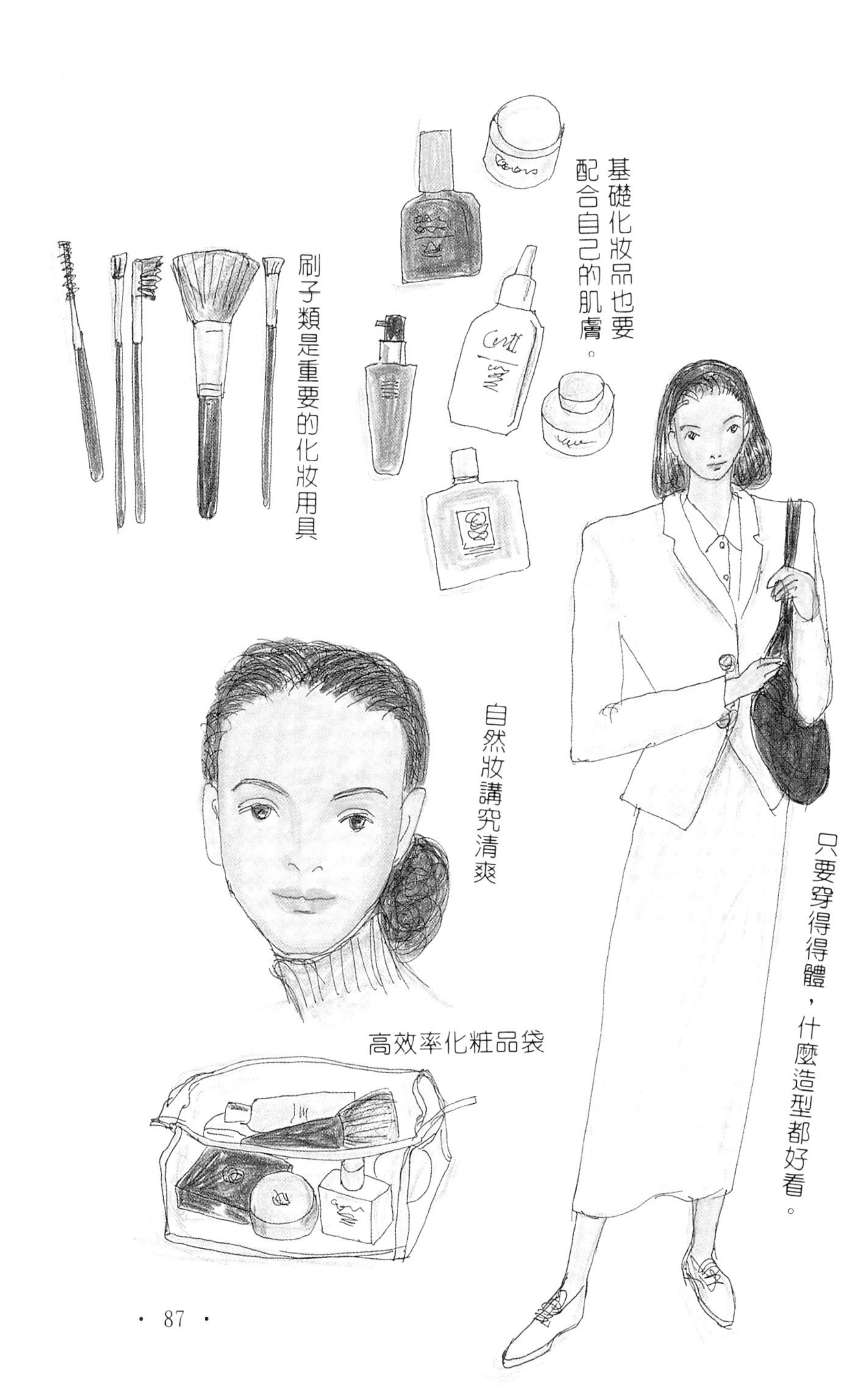
基礎化妝品也要配合自己的肌膚。
刷子類是重要的化妝用具
只要穿得得體，什麼造型都好看。
自然妝講究清爽
高效率化粧品袋

■用髮帶更優雅

「媽咪的臉比較長，絕對不適合用髮帶。」

我被圓臉的女兒消遣一番。可是我非常喜歡繫髮帶的感覺。

很久以前的事了，我在巴黎高級餐廳用餐，餐廳在公園中擺了玻璃桌，由於時間充裕，所以我能夠很悠閒地進食。

旁邊位置上有兩對親子，五、六歲的小女生裝扮得很可愛，媽媽也很優雅。其中一人繫了一條寬幅髮帶，在耳旁綁一個蝴蝶結；另一人是長頭髮，她用細髮帶將頭髮紮在後面。

「真不錯！很迷人。」

從那天開始，我就嚮往利用髮帶這項小道具，呈現優雅的氣質。說嚮往當然是誇大了點，髮帶應該是每個人都可輕易使用的物品。不過，我的理想是那天在巴黎遇到的女性，優雅又如帽子般存在的髮帶。

「媽咪不適合！」

也許女兒的建言是正確的，讓長型臉更被強調出來。對別人來說沒什麼的物品，對我而言就困難了。就這樣，髮帶只能成為一種嚮往。

不知道是不是因為注意髮帶之故，所以我很用心觀察。結果怎樣呢？不管是臉長、臉大、臉圓、臉四角的人，也不管是年輕少女或中年女性，每個人都很自然地使用髮帶。一點也不害怕，放心大膽用髮帶，不加思索地就將髮帶往頭上綁。

不要害怕裝扮，雖然我希望自己有這種勇氣，可是退一步仔細看是不是適合的心情也很重要。我繫上女兒的髮帶照鏡子，的確總覺得不整潔。

有份量的絲帶

保守的髮帶

墜飾

皮革繩

穿入戒指

剛買來的墜飾不見了，那是金項鍊加天然石。天然石是水晶、珍珠混合製成的，還加上一些綠寶石。綠寶石閃閃發光很可愛，心理不免覺得可惜。

雖然不是高級品，可是光去年就丟了這條項鍊，以及兩個戒指，都是遺失在大阪的旅館內。

在反省之餘，我決定不再買高價寶石，而以自然品代之。一開始我試著將三個金戒指穿入皮革繩中，若無其事地戴在身上，感覺很好。

最近我又在店裡買到銀與碎玉製成的墜子，我把項鍊加上，讓墜子垂在胸部下方搖擺，氣氛很好。各位不妨多方嘗試。

第五章

裝扮是自我表現

■希望自己適合白色

穿上白色衣裳，就有一種春天終於來了的感覺。即使春天讓人等了又等，還是一副姍姍來遲的模樣，但一穿上白鞋、白外套、白襯衫、白裙，則彷彿嗅到乘著風而來的春天香。

我想室內設計的基本色也是白色。統一用白色的臥室、浴室，在春天來臨時，根本不必換花樣。我還用了各種花邊、棉布做床單，至少希望能擁有個白色角落，享受清爽氣氛。

我的工作也是從白色稿紙、白色製圖紙開始，白色衣服或白色鞋子也一樣。稍微帶有點緊張的白、爽朗的白、正直的白。當白色擺在前面時，總覺得朝氣與健康。朝氣與健康正是幸福的原點，困難也與白相似。

與年齡無關，適合白色是很重要的事。也許白色是測試健全與否的最低標準。

並非為了期待效果，但這個春天我買了件白襯衫。純絲、柔軟的白襯衫，不是那種會反光的純白，而是盪漾沈穩氣氛的白色。

我的春天從這件襯衫開始。

小心白鞋不要
弄髒了。

■找尋清脆色彩的春天

去年春天，首先買的是薄荷藍的夏季針織套裝，以及蛋殼色無袖針織衫。涼爽的材質加上涼爽的顏色，充滿春天的氣息，當我在店裡看見時，馬上購買，感覺好像把春天喚進家門了。

一九九五年從不得了的一月開始。從新聞得知，廢墟中梅花綻開。植物會在不知不覺中帶來春的消息，應該不久便能看見櫻花了。在沈重的空氣中，真希望像花一樣輕鬆、爽朗，春天一到，就立刻能享受春的氣息。這是大自然的原理，害怕和喜悅與自然共存。

因此之故，春天就應該流行清脆的淺色。說到清脆色，自然會讓人聯想到比較淡的顏色。藏藍色長褲搭配淡藍色夏季針織衫，就能感覺出清爽，這也是巧妙的強調顏色法。如果配色的手法不高明，就會感覺出混濁、污穢，它也是這種美麗顏色的特徵。

安全色的白色，配白色襯衫是初學者的基本。薄荷藍與銀灰色、蛋殼色與砂色、淺粉紅色與天然羊毛色等等同色系搭配，是中級者的程度。至於高級呢？就是嘗試各種搭配，讓漂亮的顏色搭配出更美麗的效果，穿出自己的品味。

淡藍色針織套裝

高級的淡橘色
柔和高級色的套裝

初夏整齊的外出服

當妳開始準備初夏整齊的外出服時，夏季就開始了。如果沒有四季變化，就無法訂定服裝計畫。不管妳是不是準備添購新衣，都得先逛逛服飾店。哦！今年流行這個顏色，整體傾向柔和，背袋和飾品大多是手工製………，像個評論家一樣，四處看看流行訊息。這時候如果依照想要、絕對想要、想買、買吧這四段式規律，將物品變為己有，就有點無法控制自己了。本來不打算買什麼的，卻變成這個樣子。不過，在反省之餘，臉上還是綻放笑容。

初夏準備整齊的外出服有點難，因為很不容易找到喜歡、剛剛好的衣服。由於夏天容易出汗，所以服裝多半不怎麼講究，結果當有必要穿著整齊衣服出場時，才慌了手腳。

感覺涼爽的上等料子製成之外套及裙子或長褲、絲與麻混紡的洋裝、絲製罩衫與裙子，這些感覺不錯的服裝都應備齊。

夏季服裝要勤於清洗，隨時保持清新氣氛穿著是理想。雖說是理想，但會發現不知不覺中卻變樣、變舊了，這也是此季節服裝的特徵。也因此，理所當然可以添購新衣，不是嗎？

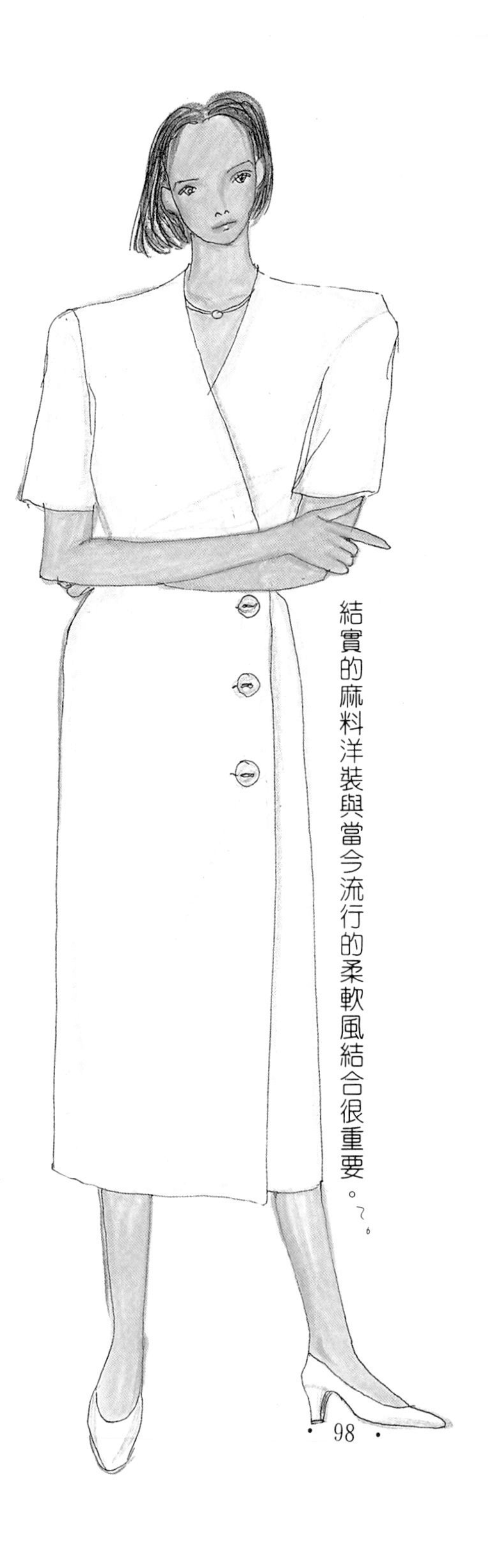

結實的麻料洋裝與當今流行的柔軟風結合很重要。て。

即使在流汗季節也要準備整齊外出服。

おきたい。

雙色調鞋子可
搭配各種衣服。

羅緞(紡織品)鞋

天然素材飾品

輕便的長褲套裝

花了一些工夫的整齊提袋，
今年流行白色漆皮。

戰勝盛夏的裝扮心

冬季漫長的瑞典，到了五月終於可以安定下來了。當我到瑞典的特堡旅遊時，發現他們比我們還期待春、夏，在晴空下，人們顯得好愉快，年輕人穿著夏季服裝，甚至上身半裸地躺在草坪上。三月曾造訪此地，那時氣候還寒冷，人們都捲縮著。

「這裡的人和東京差不多嘛！」

長久居住於此的友人說道：

「只要天氣稍微暖和，大家就不待在家中，紛紛上街、到海邊玩耍，也有人於渡假套房（summer house）和辦公室之間通勤的情形。」

一到夏季，女孩子們個個打扮得很漂亮。

是啊！我們也不要無緣無故地討厭夏天。如果不積極地享受夏天的話，那麼夏天就別打扮了。不過雖然不是無緣無故討厭夏天，但春夏交替之際的梅雨時期，的確令人沈悶。不，別這樣，我們也應像喜歡夏天的北歐人一樣，積極接受梅雨期。

因此，夏天也應有夏天的打扮。具有民族色彩的布料製成之長裙、大項鍊、大膽設計的服裝，這就是我所觀察的瑞典年輕人夏裝（中年以上的人還穿著外套或禦寒的雪衣，個人主義濃厚，真有趣）。合身的無袖T恤，加上合身的毛料長褲、人造絲長洋裝搭配平底鞋、前胸大膽敞開的女性，就像友人所說的，每個人都很漂亮。

我想，由於喜歡夏季服裝，也會變得喜歡夏季吧！自由自在地忘記了年齡（一點點），以一顆冒險的心充分享受夏季服飾之美。藉此，妳也會感覺到自己期待秋天的心多麼誠摯！

具有動感的服裝

女兒想要買一雙銀色有跟的木拖鞋。不行，這麼粗俗的物品，我馬上反對！不、不，這是夏天，女兒應該不會有奇怪的裝扮才對，於是我答應她用自己的錢買。愉快地享受夏天，裝扮出自己的個性。

麻加花邊的上衣，搭配寬鬆長褲，鞋子也是清爽的夏鞋，很舒服。

輕鬆自然素材的裙子，長一些才能顯出味道。

■活動與美麗的服裝

這個秋天是褲裝的季節。褲子款式各樣均有，寬鬆、合身、直筒各具特色。不但讓人感覺自然，還有優雅的味道。

盛夏過去了，不少人裝扮的鬥志也褪色了。其實秋天的裝扮才經得起磨練。

夏天我曾去了一趟紐約，不知道是不是由於氣候宜人之故，讓我看見許多打扮得很美的女性，眼界大開。迷你裙配小外套、長裙配外套、長褲配襯衫，我的印象是，這些上班族很會裝扮自己，個個精神抖擻，不像日本街頭所見到的主婦，三五成群聊天。紐約女性沒有主婦般的裝扮，就算是不上班的人，大家也是職業婦女裝扮。我想可能是活動方便吧！

在旅館中看電視，悠閒渡過一天也是旅遊樂趣之一。其中有位女性令我印象深刻，身穿茶色長褲套裝的模特兒（也許是女演員，好像在那兒見過？），動作非常俐落，大步前進時，長褲及外套的擺動非常美麗，輕鬆自在的感覺非常好。

對啊！我現在更領悟到，一套好的衣服會讓妳的動作看起來更美。

買衣服時，不要忘了在鏡子前大幅移動身體試試看。

我曾看過大阪一家服裝店當季秋冬服飾展的錄影帶，長褲套裝內的襯衫動起來很好看。連活動都計算在內的設計真了不起。

現在外套或長褲的料子傾向柔軟，這是意識到穿著時的活動，對女性而言是一大福音。圓裙在轉圈時會呈現美麗的圓幅，美得令人想多轉幾圈，這種動的感覺對秋天流行有正面效果。朝氣蓬勃、姿勢優美地將煩惱通通搖開，享受一身清爽。

男性化的西式上衣，長褲短一些，穿出年輕味。

動起來很美的衣服，
讓穿的人也顯得更美。
在紐約電視CM中見到的女性，感覺真好。
今年新款式是鞋底與
鞋面一體成形。

柔軟布料著重活動性，穿著舒適。
尼龍製品，重量輕又不怕雨，
可當提袋與背袋。
寬鬆外套與長罩衫搭配是新組合。

■社交的秋季，裝扮也得決定

適合步行的鞋子

秋天能使友情關係活潑化。不但想看電影，展覽會也很多，還有各種音樂會、戲劇表演等，真可說是豐富的季節。在這涼爽的秋季，妳可以悠閒地逛百貨公司，然後和朋友一起上餐廳喝喝下午茶，或者三五好友在家聚聚也不錯。

容易活動的季節總令人歡喜。七月底曾造訪盛夏中的巴黎，幾乎所有的建築物內都沒有冷氣，讓人想動也動不起來。我坐在羅浮廣場的長椅上，吹著微風反省，還是避開此時期比較好。這麼說來，秋天就很合適了。涼爽的氣候讓人很想四處走走，心情也愉悅起來。在巴黎，到了秋季還沒有歌劇、芭蕾的公演，讓我感到有點沮喪。

相約看電影，然後到義大利餐廳用餐。嗯！既然這麼計畫，那就應該穿長褲套裝，配件可以稍微豪華，穿有跟鞋子。心裡如此盤算著，不由得升起一股莫名的喜悅，雖有些麻煩，卻很快樂。

現代美術展結束後，回程中順便逛街、用餐，這時候應該穿好走路的鞋子。鞋子決定後，衣服最好選擇簡單些，有現代美術印象的不錯。同伴H小姐不知會如何打扮，和注重裝扮的友人相約，自己也不能顯得落伍啊！真是充滿活動力的季節。

好拿又能配合各種服裝
在美術館看見沈著的服裝
聚會或宴會時，乾脆好好裝扮一番。

■有腰帶的外套

我喜歡這種季節，只穿毛衣有點冷，所以再披件外衣。秋天真好！但這個季節很短暫，過不了多久就會讓人冷得發抖了。

出國旅行時，這種有腰帶的外套可說是一項寶物，三月至六月、九月至十一月旅遊都需要它。從照片中發現，幾年前我出國旅遊就穿著現在的外套，背景有紐約、巴黎、西班牙、阿姆斯特丹，除了地點不同外，我也一點一滴地年老（雖然萬般不願，卻無法預防）。

現在這件外套看來有點舊了。但照片絲毫沒變，儘管穿這件外套的人也的確老了。

秋天我將到法國南部工作，正考慮是不是還要穿這件外套，如果是，那又是相同外套的照片了。不知道是不是因為在日本穿這種外套的時期短暫，所以很少見到販賣這種外套，即使找到了也不見得喜歡。我想下次看到了一定要買，否則又要後悔了。

由於外套短，所以最適合秋天這種涼爽季節。也許今年能找到新品。

領子加上
佩茲利渦旋紋花呢（蘇格蘭產）。
鞋子與手提包顏色整齊，
展現優雅氣質。

大衣也應穿出
自己的味道。
紅絲巾是
重點色。
A字型半短外套很適合搭配緊身褲。
皮帶是重點，展現洋裝感覺。
有份量的服
裝當然也得
搭配有份量
的鞋子。

短外套只要巧妙穿著，是很方便的物品。
漂亮的大衣在看到時就得買。

■二十歲的大衣

女兒想要一件細毛大衣。我訝異地看著她，才九月耶！

「那裡很冷啊！媽咪。今年流行毛大衣，好的商品都被挑光了，大家都用預訂的。」

真的嗎?我不太相信地到新宿的百貨公司看看。像圖畫中描繪的毛領大衣都差不多沒了。

「這是最後一件。今年流行這種款式，所以很快就賣完了。」

店員也說得和女兒一樣。

整件外套都是細柔柔的毛，但質料是尼龍，所以很輕。這件大衣一定很溫暖。在購買前，我也試穿看看，站在鏡子前發現：

「還是不太適合媽咪穿。」

原來如此，流行的腳步真快，夏末秋初就得準備冬季的外套了。我太晚上場，看來大概要目送今年冬天。雖說正好省了一筆，但總有些失落感。今年除了毛大衣之外，無裡外套、針織外套也不少，質料多樣化，款式也豐富，真是充實的冬季。

女兒買的大衣，
是細毛製品。
尼龍
二十歲
也應準備一件漂亮顏色的大衣。

在紐約看見的人。

長大衣一定非常暖和。

底部是四角形的背袋是尼龍製品。

馬靴穿起來自然舒適又好走。

黑色長大衣的話，我就可以和女兒一起穿。

裏是襞褶的尼龍大衣。

禦寒及裝扮心均得到滿足的好大衣。

背包

前面年輕人的背包真好看。看看背色的標籤，知道是在新宿一家百貨公司買的。於是我直接往目標前進，買了圖中所畫的背色。這當然是買給女兒的。她可以搭配衣服使用，應用範圍很廣。

背包在背後呈現輕鬆的表情，兩手可以自由自在地擺動，感覺非常好。我想起以前登山背的重背包。同輩友人組了個中年登山隊，我和友人聊起以前的背包、鞋子，她大笑不止。現在完全不同了，隨便在街上都可以看見背背包的人，背著背包上街的確很方便。不論任何場所、事物都一直在進步，我們非得跟進不可。

「背包也沒關係嗎？」我問女兒。她答也不答，真是的。

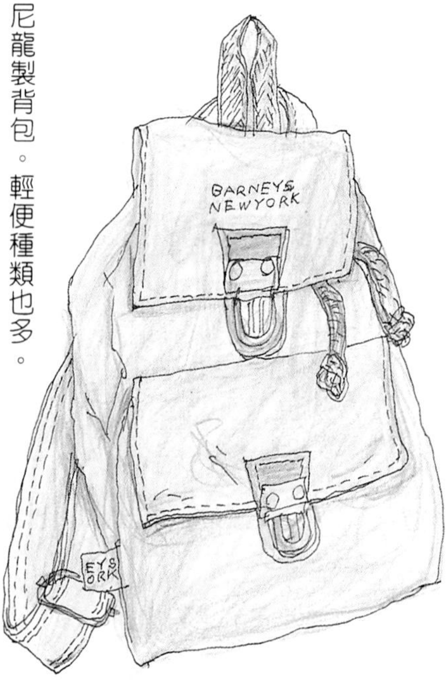

尼龍製背包。輕便種類也多。

BARNEYS
NEW YORK

作者略歷　西村玲子

插圖畫家、評論家。

將生活中的裝扮以彩色鉛筆鮮艷地描繪出來。以流行、室內設計、電影等為題材，活躍於雜誌中。興趣有變換房間樣式、拼湊東西、在街上踱步找尋美的事物、旅行等等。

主要著作有『玲子的裝扮高手、生活高手』、『玲子的裝扮自由自在』、『玲子的裝扮高手是育子高手』、『玲子的古董』、『玲子裝扮色彩學』等。

・法律專欄連載・電腦編號 58

台大法學院　法律學系／策劃
法律服務社／編著

1. 別讓您的權利睡著了 1　200元
2. 別讓您的權利睡著了 2　200元

・秘傳占卜系列・電腦編號 14

1. 手相術	淺野八郎著	180元
2. 人相術	淺野八郎著	180元
3. 西洋占星術	淺野八郎著	180元
4. 中國神奇占卜	淺野八郎著	150元
5. 夢判斷	淺野八郎著	150元
6. 前世、來世占卜	淺野八郎著	150元
7. 法國式血型學	淺野八郎著	150元
8. 靈感、符咒學	淺野八郎著	150元
9. 紙牌占卜學	淺野八郎著	150元
10. ESP 超能力占卜	淺野八郎著	150元
11. 猶太數的秘術	淺野八郎著	150元
12. 新心理測驗	淺野八郎著	160元
13. 塔羅牌預言秘法	淺野八郎著	200元

・趣味心理講座・電腦編號 15

1. 性格測驗① 探索男與女	淺野八郎著	140元
2. 性格測驗② 透視人心奧秘	淺野八郎著	140元
3. 性格測驗③ 發現陌生的自己	淺野八郎著	140元
4. 性格測驗④ 發現你的真面目	淺野八郎著	140元
5. 性格測驗⑤ 讓你們吃驚	淺野八郎著	140元
6. 性格測驗⑥ 洞穿心理盲點	淺野八郎著	140元
7. 性格測驗⑦ 探索對方心理	淺野八郎著	140元
8. 性格測驗⑧ 由吃認識自己	淺野八郎著	160元
9. 性格測驗⑨ 戀愛知多少	淺野八郎著	160元
10. 性格測驗⑩ 由裝扮瞭解人心	淺野八郎著	160元

11. 性格測驗⑪　敲開內心玄機	淺野八郎著	140 元
12. 性格測驗⑫　透視你的未來	淺野八郎著	160 元
13. 血型與你的一生	淺野八郎著	160 元
14. 趣味推理遊戲	淺野八郎著	160 元
15. 行為語言解析	淺野八郎著	160 元

・婦幼天地・電腦編號 16

1. 八萬人減肥成果	黃靜香譯	180 元
2. 三分鐘減肥體操	楊鴻儒譯	150 元
3. 窈窕淑女美髮秘訣	柯素娥譯	130 元
4. 使妳更迷人	成　玉譯	130 元
5. 女性的更年期	官舒妍編譯	160 元
6. 胎內育兒法	李玉瓊編譯	150 元
7. 早產兒袋鼠式護理	唐岱蘭譯	200 元
8. 初次懷孕與生產	婦幼天地編譯組	180 元
9. 初次育兒 12 個月	婦幼天地編譯組	180 元
10. 斷乳食與幼兒食	婦幼天地編譯組	180 元
11. 培養幼兒能力與性向	婦幼天地編譯組	180 元
12. 培養幼兒創造力的玩具與遊戲	婦幼天地編譯組	180 元
13. 幼兒的症狀與疾病	婦幼天地編譯組	180 元
14. 腿部苗條健美法	婦幼天地編譯組	180 元
15. 女性腰痛別忽視	婦幼天地編譯組	150 元
16. 舒展身心體操術	李玉瓊編譯	130 元
17. 三分鐘臉部體操	趙薇妮著	160 元
18. 生動的笑容表情術	趙薇妮著	160 元
19. 心曠神怡減肥法	川津祐介著	130 元
20. 內衣使妳更美麗	陳玄茹譯	130 元
21. 瑜伽美姿美容	黃靜香編著	180 元
22. 高雅女性裝扮學	陳珮玲譯	180 元
23. 蠶糞肌膚美顏法	坂梨秀子著	160 元
24. 認識妳的身體	李玉瓊譯	160 元
25. 產後恢復苗條體態	居理安・芙萊喬著	200 元
26. 正確護髮美容法	山崎伊久江著	180 元
27. 安琪拉美姿養生學	安琪拉蘭斯博瑞著	180 元
28. 女體性醫學剖析	增田豐著	220 元
29. 懷孕與生產剖析	岡部綾子著	180 元
30. 斷奶後的健康育兒	東城百合子著	220 元
31. 引出孩子幹勁的責罵藝術	多湖輝著	170 元
32. 培養孩子獨立的藝術	多湖輝著	170 元
33. 子宮肌瘤與卵巢囊腫	陳秀琳編著	180 元
34. 下半身減肥法	納他夏・史達賓著	180 元
35. 女性自然美容法	吳雅菁編著	180 元
36. 再也不發胖	池園悅太郎著	170 元

37. 生男生女控制術	中垣勝裕著	220 元
38. 使妳的肌膚更亮麗	楊　皓編著	170 元
39. 臉部輪廓變美	芝崎義夫著	180 元
40. 斑點、皺紋自己治療	高須克彌著	180 元
41. 面皰自己治療	伊藤雄康著	180 元
42. 隨心所欲瘦身冥想法	原久子著	180 元
43. 胎兒革命	鈴木丈織著	180 元
44. NS 磁氣平衡法塑造窈窕奇蹟	古屋和江著	180 元
45. 享瘦從腳開始	山田陽子著	180 元
46. 小改變瘦 4 公斤	宮本裕子著	180 元
47. 軟管減肥瘦身	高橋輝男著	180 元
48. 海藻精神秘美容法	劉名揚編著	180 元
49. 肌膚保養與脫毛	鈴木真理著	180 元
50. 10 天減肥 3 公斤	彤雲編輯組	180 元

・青春天地・電腦編號 17

1. A 血型與星座	柯素娥編譯	160 元
2. B 血型與星座	柯素娥編譯	160 元
3. O 血型與星座	柯素娥編譯	160 元
4. AB 血型與星座	柯素娥編譯	120 元
5. 青春期性教室	呂貴嵐編譯	130 元
6. 事半功倍讀書法	王毅希編譯	150 元
7. 難解數學破題	宋釗宜編譯	130 元
8. 速算解題技巧	宋釗宜編譯	130 元
9. 小論文寫作秘訣	林顯茂編譯	120 元
11. 中學生野外遊戲	熊谷康編著	120 元
12. 恐怖極短篇	柯素娥編譯	130 元
13. 恐怖夜話	小毛驢編譯	130 元
14. 恐怖幽默短篇	小毛驢編譯	120 元
15. 黑色幽默短篇	小毛驢編譯	120 元
16. 靈異怪談	小毛驢編譯	130 元
17. 錯覺遊戲	小毛驢編著	130 元
18. 整人遊戲	小毛驢編著	150 元
19. 有趣的超常識	柯素娥編譯	130 元
20. 哦！原來如此	林慶旺編譯	130 元
21. 趣味競賽 100 種	劉名揚編譯	120 元
22. 數學謎題入門	宋釗宜編譯	150 元
23. 數學謎題解析	宋釗宜編譯	150 元
24. 透視男女心理	林慶旺編譯	120 元
25. 少女情懷的自白	李桂蘭編譯	120 元
26. 由兄弟姊妹看命運	李玉瓊編譯	130 元
27. 趣味的科學魔術	林慶旺編譯	150 元

28. 趣味的心理實驗室	李燕玲編譯	150元
29. 愛與性心理測驗	小毛驢編譯	130元
30. 刑案推理解謎	小毛驢編譯	130元
31. 偵探常識推理	小毛驢編譯	130元
32. 偵探常識解謎	小毛驢編譯	130元
33. 偵探推理遊戲	小毛驢編譯	130元
34. 趣味的超魔術	廖玉山編著	150元
35. 趣味的珍奇發明	柯素娥編著	150元
36. 登山用具與技巧	陳瑞菊編著	150元

・健康天地・電腦編號 18

1. 壓力的預防與治療	柯素娥編譯	130元
2. 超科學氣的魔力	柯素娥編譯	130元
3. 尿療法治病的神奇	中尾良一著	130元
4. 鐵證如山的尿療法奇蹟	廖玉山譯	120元
5. 一日斷食健康法	葉慈容編譯	150元
6. 胃部強健法	陳炳崑譯	120元
7. 癌症早期檢查法	廖松濤譯	160元
8. 老人痴呆症防止法	柯素娥編譯	130元
9. 松葉汁健康飲料	陳麗芬編譯	130元
10. 揉肚臍健康法	永井秋夫著	150元
11. 過勞死、猝死的預防	卓秀貞編譯	130元
12. 高血壓治療與飲食	藤山順豐著	150元
13. 老人看護指南	柯素娥編譯	150元
14. 美容外科淺談	楊啟宏著	150元
15. 美容外科新境界	楊啟宏著	150元
16. 鹽是天然的醫生	西英司郎著	140元
17. 年輕十歲不是夢	梁瑞麟譯	200元
18. 茶料理治百病	桑野和民著	180元
19. 綠茶治病寶典	桑野和民著	150元
20. 杜仲茶養顏減肥法	西田博著	150元
21. 蜂膠驚人療效	瀨長良三郎著	180元
22. 蜂膠治百病	瀨長良三郎著	180元
23. 醫藥與生活(一)	鄭炳全著	180元
24. 鈣長生寶典	落合敏著	180元
25. 大蒜長生寶典	木下繁太郎著	160元
26. 居家自我健康檢查	石川恭三著	160元
27. 永恆的健康人生	李秀鈴譯	200元
28. 大豆卵磷脂長生寶典	劉雪卿譯	150元
29. 芳香療法	梁艾琳譯	160元
30. 醋長生寶典	柯素娥譯	180元
31. 從星座透視健康	席拉・吉蒂斯著	180元
32. 愉悅自在保健學	野本二士夫著	160元

33. 裸睡健康法	丸山淳士等著	160 元
34. 糖尿病預防與治療	藤田順豐著	180 元
35. 維他命長生寶典	菅原明子著	180 元
36. 維他命 C 新效果	鐘文訓編	150 元
37. 手、腳病理按摩	堤芳朗著	160 元
38. AIDS 瞭解與預防	彼得塔歇爾著	180 元
39. 甲殼質殼聚糖健康法	沈永嘉譯	160 元
40. 神經痛預防與治療	木下真男著	160 元
41. 室內身體鍛鍊法	陳炳崑編著	160 元
42. 吃出健康藥膳	劉大器編著	180 元
43. 自我指壓術	蘇燕謀編著	160 元
44. 紅蘿蔔汁斷食療法	李玉瓊編著	150 元
45. 洗心術健康秘法	竺翠萍編譯	170 元
46. 枇杷葉健康療法	柯素娥編譯	180 元
47. 抗衰血癒	楊啟宏著	180 元
48. 與癌搏鬥記	逸見政孝著	180 元
49. 冬蟲夏草長生寶典	高橋義博著	170 元
50. 痔瘡・大腸疾病先端療法	宮島伸宜著	180 元
51. 膠布治癒頑固慢性病	加瀨建造著	180 元
52. 芝麻神奇健康法	小林貞作著	170 元
53. 香煙能防止癡呆？	高田明和著	180 元
54. 穀菜食治癌療法	佐藤成志著	180 元
55. 貼藥健康法	松原英多著	180 元
56. 克服癌症調和道呼吸法	帶津良一著	180 元
57. B 型肝炎預防與治療	野村喜重郎著	180 元
58. 青春永駐養生導引術	早島正雄著	180 元
59. 改變呼吸法創造健康	原久子著	180 元
60. 荷爾蒙平衡養生秘訣	出村博著	180 元
61. 水美肌健康法	井戶勝富著	170 元
62. 認識食物掌握健康	廖梅珠編著	170 元
63. 痛風劇痛消除法	鈴木吉彥著	180 元
64. 酸莖菌驚人療效	上田明彥著	180 元
65. 大豆卵磷脂治現代病	神津健一著	200 元
66. 時辰療法—危險時刻凌晨 4 時	呂建強等著	180 元
67. 自然治癒力提升法	帶津良一著	180 元
68. 巧妙的氣保健法	藤平墨子著	180 元
69. 治癒 C 型肝炎	熊田博光著	180 元
70. 肝臟病預防與治療	劉名揚編著	180 元
71. 腰痛平衡療法	荒井政信著	180 元
72. 根治多汗症、狐臭	稻葉益巳著	220 元
73. 40 歲以後的骨質疏鬆症	沈永嘉譯	180 元
74. 認識中藥	松下一成著	180 元
75. 認識氣的科學	佐佐木茂美著	180 元
76. 我戰勝了癌症	安田伸著	180 元

77. 斑點是身心的危險信號	中野進著	180元
78. 艾波拉病毒大震撼	玉川重德著	180元
79. 重新還我黑髮	桑名隆一郎著	180元
80. 身體節律與健康	林博史著	180元
81. 生薑治萬病	石原結實著	180元
82. 靈芝治百病	陳瑞東著	180元
83. 木炭驚人的威力	大槻彰著	200元
84. 認識活性氧	井土貴司著	180元
85. 深海鮫治百病	廖玉山編著	180元
86. 神奇的蜂王乳	井上丹治著	180元
87. 卡拉 OK 健腦法	東潔著	180元
88. 卡拉 OK 健康法	福田伴男著	180元
89. 醫藥與生活㈡	鄭炳全著	200元
90. 洋蔥治百病	宮尾興平著	180元

・實用女性學講座・電腦編號 19

1. 解讀女性內心世界	島田一男著	150元
2. 塑造成熟的女性	島田一男著	150元
3. 女性整體裝扮學	黃靜香編著	180元
4. 女性應對禮儀	黃靜香編著	180元
5. 女性婚前必修	小野十傳著	200元
6. 徹底瞭解女人	田口二州著	180元
7. 拆穿女性謊言 88 招	島田一男著	200元
8. 解讀女人心	島田一男著	200元
9. 俘獲女性絕招	志賀貢著	200元
10. 愛情的壓力解套	中村理英子著	200元

・校園系列・電腦編號 20

1. 讀書集中術	多湖輝著	150元
2. 應考的訣竅	多湖輝著	150元
3. 輕鬆讀書贏得聯考	多湖輝著	150元
4. 讀書記憶秘訣	多湖輝著	150元
5. 視力恢復！超速讀術	江錦雲譯	180元
6. 讀書 36 計	黃柏松編著	180元
7. 驚人的速讀術	鐘文訓編著	170元
8. 學生課業輔導良方	多湖輝著	180元
9. 超速讀超記憶法	廖松濤編著	180元
10. 速算解題技巧	宋釗宜編著	200元
11. 看圖學英文	陳炳崑編著	200元
12. 讓孩子最喜歡數學	沈永嘉譯	180元

・實用心理學講座・電腦編號 21

1.	拆穿欺騙伎倆	多湖輝著	140 元
2.	創造好構想	多湖輝著	140 元
3.	面對面心理術	多湖輝著	160 元
4.	偽裝心理術	多湖輝著	140 元
5.	透視人性弱點	多湖輝著	140 元
6.	自我表現術	多湖輝著	180 元
7.	不可思議的人性心理	多湖輝著	180 元
8.	催眠術入門	多湖輝著	150 元
9.	責罵部屬的藝術	多湖輝著	150 元
10.	精神力	多湖輝著	150 元
11.	厚黑說服術	多湖輝著	150 元
12.	集中力	多湖輝著	150 元
13.	構想力	多湖輝著	150 元
14.	深層心理術	多湖輝著	160 元
15.	深層語言術	多湖輝著	160 元
16.	深層說服術	多湖輝著	180 元
17.	掌握潛在心理	多湖輝著	160 元
18.	洞悉心理陷阱	多湖輝著	180 元
19.	解讀金錢心理	多湖輝著	180 元
20.	拆穿語言圈套	多湖輝著	180 元
21.	語言的內心玄機	多湖輝著	180 元
22.	積極力	多湖輝著	180 元

・超現實心理講座・電腦編號 22

1.	超意識覺醒法	詹蔚芬編譯	130 元
2.	護摩秘法與人生	劉名揚編譯	130 元
3.	秘法！超級仙術入門	陸明譯	150 元
4.	給地球人的訊息	柯素娥編著	150 元
5.	密教的神通力	劉名揚編著	130 元
6.	神秘奇妙的世界	平川陽一著	180 元
7.	地球文明的超革命	吳秋嬌譯	200 元
8.	力量石的秘密	吳秋嬌譯	180 元
9.	超能力的靈異世界	馬小莉譯	200 元
10.	逃離地球毀滅的命運	吳秋嬌譯	200 元
11.	宇宙與地球終結之謎	南山宏著	200 元
12.	驚世奇功揭秘	傅起鳳著	200 元
13.	啟發身心潛力心象訓練法	栗田昌裕著	180 元
14.	仙道術遁甲法	高藤聰一郎著	220 元
15.	神通力的秘密	中岡俊哉著	180 元
16.	仙人成仙術	高藤聰一郎著	200 元

國家圖書館出版品預行編目資料

穿出自己的品味／西村玲子著／李芳黛譯
－初版－臺北市，大展，民87
面；21公分－（婦幼天地；51）
譯自：玲子さんのおしやれ素敵發見
ISBN 957-557-855-4（平裝）
1. 衣飾
423 87010540

穿出自己的品味 ISBN 957-557-855-4

原著者／西村玲子
編譯者／李芳黛
發行人／蔡森明
出版者／大展出版社有限公司
社址／台北市北投區（石牌）致遠一路2段12巷1號
電話／(02) 28236031・28236033
傳真／(02) 28272069
郵政劃撥／0166955—1
登記證／局版臺業字第2171號
承印者／國順圖書印刷公司
裝訂／嶸興裝訂有限公司
排版者／千兵企業有限公司
電話／(02) 28812643
初版1刷／1998年（民87年）10月

定價／280元